Die Echtzeitgesellschaft

Johannes Weyer ist Professor für Techniksoziologie an der TU Dortmund.

Johannes Weyer

Die Echtzeitgesellschaft

Wie smarte Technik unser Leben steuert

Campus Verlag
Frankfurt/New York

ISBN 978-3-593-51013-2 Print
ISBN 978-3-593-44064-4 E-Book (PDF)
ISBN 978-3-593-44066-8 E-Book (EPUB)

Das Werk einschließlich aller seiner Teile ist urheberrechtlich geschützt.
Jede Verwertung ist ohne Zustimmung des Verlags unzulässig. Das gilt
insbesondere für Vervielfältigungen, Übersetzungen, Mikroverfilmungen und
die Einspeicherung und Verarbeitung in elektronischen Systemen.
Trotz sorgfältiger inhaltlicher Kontrolle übernehmen wir keine Haftung
für die Inhalte externer Links. Für den Inhalt der verlinkten Seiten sind
ausschließlich deren Betreiber verantwortlich.
Copyright © 2019 Campus Verlag GmbH, Frankfurt am Main
Umschlaggestaltung: Guido Klütsch, Köln
Satz: DeinSatz Marburg | lf
Gesetzt aus: The Sans und Adobe Garamond Pro
Druck und Bindung: Beltz Grafische Betriebe GmbH, Bad Langensalza
Printed in Germany

www.campus.de

Inhalt

1. Auf dem Weg in die Echtzeitgesellschaft 9
   - Vorstufen der Echtzeitgesellschaft 10
   - Die Echtzeitgesellschaft 12
   - Leben in Echtzeit 16
   - Beschleunigung 17
   - Technik außer Kontrolle? 20

2. Technik als Gegenstand der Soziologie 25
   - Das Automobil 26
   - Soziotechnische Systeme 27
   - Modellierung und Simulation 30
   - Erkundungen der Echtzeitgesellschaft 37

3. Mensch und Technik im Echtzeitmodus 39
   - Die Digitalisierung des Alltags 39
   - Das Big-Data-Prozessmodell 40
   - Vertrauen in der Echtzeitgesellschaft 45
   - Akzeptanz neuer Technik 46
   - Autonome Systeme 50
   - Simulation 1: Interaktion von Mensch und autonomer Technik 54
   - Vertrauen in Automation 58
   - Das digitalisierte Flugzeug 60
   - Kontrollverlust im smarten Auto? 63
   - Kontrollverlust im intelligenten Flugzeug? 67
   - Ergebnisse der Pilotenstudie 73
   - Fazit 79

4. Risikomanagement komplexer Systeme 81

Kritische Infrastruktursysteme 81
Beispiel 1: Air France AF-447 85
Beispiel 2: Das Flugzeugunglück bei Überlingen 2002 88
Beispiel 3: Fukushima 2011 92
Beispiel 4: Deepwater Horizon 2010 95
Organisationale Strategien des Umgangs mit Unsicherheit 98
Normal Accidents Theory 103
High Reliability Organizations 107
Der STAMP-Ansatz 110
Simulation 2: Der Verkehrssimulator SUMO-S 114
Experimente mit dem Simulator SUMO-S 117
Fazit 122

5. Nachhaltige Transformation soziotechnischer Systeme 125

Das Mehrebenenmodell soziotechnischen Wandels 126
Wandel durch Rückbau eines soziotechnischen Systems 130
Simulation 3: Der Simulator SimCo 132
Experimente mit dem Simulator SimCo 138
Fazit 140

6. Die Politik der Echtzeitgesellschaft 143

Echtzeitsteuerung komplexer Systeme 143
Politische Steuerung 149
Intelligente Regulierung der Echtzeitgesellschaft 153
Fazit 156

7. Soziologie der Echtzeitgesellschaft 157

Gesellschaft im Echtzeitmodus 157
Mensch, Technik, Organisation 158
Politik im Wandel – Politik des Wandels 160
Plädoyer für eine Soziologie der Echtzeitgesellschaft 162

Danksagung 167

Abbildungen 169

Tabellen 171

Anmerkungen 173

Literatur 181

1. Auf dem Weg in die Echtzeitgesellschaft

In den letzten Jahrzehnten haben sich moderne Gesellschaften rund um den Globus in atemberaubender Geschwindigkeit gewandelt. Die Digitalisierung nahezu aller Bereiche des Lebens und Arbeitens ist eine der fundamentalsten Veränderungen in der Menschheitsgeschichte – vergleichbar mit Einschnitten wie der Renaissance des 15. und 16. Jahrhunderts oder der Industrialisierung des 18. und 19. Jahrhunderts.

Ähnlich wie den Menschen der Renaissance, die von der Wucht, vor allem aber der Geschwindigkeit des Wandels regelrecht erschlagen wurden, geht es uns heute. Neue Technik dringt unaufhörlich in unseren Alltag ein: Während Erfindungen wie etwa die Eisenbahn, das Auto und sogar das Telefon Jahrzehnte brauchten, um sich durchzusetzen und selbstverständliche Bestandteile des Arbeits- und Privatlebens zu werden, schafften es Computer und das Internet in wesentlich kürzerer Zeit.

Das Internet ist erst seit zwanzig Jahren Teil unseres beruflichen und privaten Alltags. Vor gut zehn Jahren kam das erste Smartphone für das breite Publikum, das iPhone 2G, auf den Markt. Mittlerweile ist es aus unserem Leben nicht mehr wegzudenken. In Verbindung mit dem mobilen Internet hat das Smartphone binnen weniger Jahre unser Informations- und Kommunikationsverhalten tiefgreifend gewandelt. Das wirkt sich auch auf die gesellschaftlichen Institutionen und Traditionen aus.

Die Sendungsverfolgung von Paketen, der Gruppen-Chat über WhatsApp, die mobile Navigation, aber auch der Bedeutungsverlust des Fernsehens und traditioneller Medien angesichts von Facebook und YouTube sollen hier als Stichworte genügen. Offenbar beschleunigt sich der technische Wandel und mit ihm der soziale Wandel. Wir steuern auf eine Echtzeitgesellschaft zu.

Dieses Buch unternimmt den Versuch, Beiträge zu einer Soziologie der Echtzeitgesellschaft zu entwickeln und die Konturen dieser neu entstehenden Gesellschaft auszuloten. Ziel ist es zu verdeutlichen, welchen Beitrag die Soziologie zur Analyse, aber auch zur Gestaltung der Echtzeitgesellschaft leisten kann. Die Herausforderung der digitalen Transformation von Wirtschaft und Gesellschaft wird zurzeit aus unterschiedlichen Perspektiven beleuchtet: Informatiker und Ingenieure entwerfen IT-Systeme, die in Echtzeit operieren. Wirtschaftswissenschaftler entwickeln Konzepte, um betriebliche Abläufe mithilfe digitaler Tools zu optimieren. Die soziologische Herangehensweise interessiert sich vor allem für das Leben und Arbeiten im Echtzeitmodus und den sozialen Wandel, den die digitale Transformation auslöst. Die Soziologie rückt das Zusammenspiel von Mensch, Technik und Organisation in den Mittelpunkt und fragt danach, welche Konsequenzen es hat, wenn komplexe soziotechnische Systeme unter Echtzeitbedingungen betrieben werden. Ein Thema ist die Mensch-Maschine-Interaktion in hochautomatisierten Systemen, ein anderes das Risikomanagement von Organisationen. Daneben spielen auch Fragen der operativen Steuerung sowie der politischen Regulierung von Echtzeitsystemen eine Rolle. Der Anspruch dieses Buches ist es zu zeigen, dass die Fokussierung auf soziale Prozesse dazu beitragen kann, ein vertieftes Verständnis der gesellschaftlichen Folgen der digitalen Transformation zu gewinnen und das Wesen der Echtzeitgesellschaft besser zu verstehen.[1]

Vorstufen der Echtzeitgesellschaft

Um die gesellschaftspolitische Sprengkraft der digitalen Transformation zu erfassen, ist es sinnvoll, in größeren historischen Zusammenhängen zu denken und die Frage zu stellen, wie sich die Echtzeitgesellschaft entwickeln konnte. Der massive Technisierungsschub, den die Wissensgesellschaft momentan erlebt, führt nicht nur dazu, dass nahezu alle gesellschaftlichen Bereiche bis hin zur Privatsphäre in einem zuvor kaum vorstellbaren Maße von Technik durchdrungen sind, die immer stärker autonom agiert und zum Bestandteil umfassender Datennetze wird.[2]

Er verändert auch unsere Vorstellungen von Raum und Zeit. Die Wissensgesellschaft wandelt sich zur mobilen Echtzeitgesellschaft. In dieser künftigen Gesellschaft werden tradierte Konzepte nicht mehr greifen, weil die Grenzen von Planung und Handlung, von Autonomie und Kontrolle, aber auch von Steuerung und Selbststeuerung zunehmend verschwimmen. Wie unterscheidet sich die Echtzeitgesellschaft von anderen Gesellschaftsformen?

Die Industriegesellschaft des 19. Jahrhunderts war durch den Gegensatz von Kapital und Arbeit gekennzeichnet, wie etwa Karl Marx ihn beschrieben hat. Zentrale Themen seiner Werke waren die Entfremdung des Arbeiters, dessen Ausbeutung als Lohnarbeiter, aber auch die Perspektiven einer befreiten Gesellschaft. Die von ihm ausführlich analysierte Technik spielte in dieser Epoche vor allem als Produktionstechnik eine Rolle – mit der Dampfmaschine als Antrieb. Erstmals in der Geschichte der Menschheit wurde Arbeit »durch mechanische Systeme [geleistet], die durch künstliche Energie in Bewegung gesetzt werden«. Die neue Technologie der Dampfmaschine begann ihren Siegeszug in den Start-ups, so würde man sie heute nennen, der jungen englischen Baumwollindustrie. Sie ermöglichte einen enormen Produktivitätsschub der kapitalistischen Industrie, die ohne den »artifiziellen Selbstbeweger« (Popitz) nicht hätte entstehen können. Die Maschinenarbeit führte zudem zur Disziplinierung des Arbeiters, der sein Verhalten an den Takt der Maschine anpassen musste.[3]

Die Technik trat in der Industriegesellschaft auch als Transporttechnik in Erscheinung – in Form der Dampflokomotive oder des Dampfschiffs – mit ebenfalls revolutionären Wirkungen. Denn die Eisenbahn brachte eine »Vernichtung« von Zeit und Raum mit sich. Sie wurde von den Zeitgenossen als eine Zeitmaschine empfunden, war es doch erstmals möglich, Waren und Personen innerhalb weniger Stunden von einem Ort zum anderen zu transportieren. Zudem verlor der Raum seine Wirkung als Medium sozialer Ungleichheit. Denn mit den neuen Techniken war es nun möglich, entlegene Gebiete zu erreichen, was zu einer sukzessiven Angleichung des Lebensstandards führte. Hierzu hat eine weitere Technologie des 19. Jahrhunderts, die Elektrizität, ebenfalls einen wichtigen Beitrag geleistet. Mit ihrer Hilfe konnten sowohl Energie als auch Informationen (Radio, Fernsehen) transportiert werden.[4]

Die Industriegesellschaft ging Mitte des 20. Jahrhunderts in eine Wissensgesellschaft über. Sie baute auf den Errungenschaften der vorherigen Epoche auf, entdeckte aber in verstärktem Maße das Wissen als Produktivkraft. Unter Verweis auf das rasante Wachstum des tertiären Sektors, also der Dienstleistungsberufe, sprach Daniel Bell vom postindustriellen Zeitalter, in dem sowohl die Landwirtschaft als auch die Industrieproduktion tendenziell an Bedeutung verlören. Neben Kapital und Arbeit entwickelte sich Wissen zu einer eigenständigen Quelle von Wertschöpfung. Softwarefirmen nutzen beispielsweise das in den Köpfen ihrer Mitarbeiter vorhandene, verteilte Wissen dazu, neues Wissen zu generieren, das jedoch kontinuierlich verbessert wird. Zudem geht Wissen stets mit Nichtwissen einher, genauer gesagt: mit dem Wissen, dass man bestimmte Dinge weiß und zu beherrschen glaubt, damit aber andere Dinge ausgrenzt, die man nicht unter Kontrolle hat.[5]

Die technische Basis der Wissensgesellschaft ist die Informations- und Kommunikationstechnik, die sich nicht nur in der Verbreitung von Massenmedien, sondern auch in vielfältigen Formen der Individualkommunikation, dem Telefon etwa, niederschlug. Außerdem vollzog sich eine Informatisierung weiter Teile der Gesellschaft, angefangen in Produktion, Logistik und Handel, später aber auch im Verkehr, im Bildungswesen und in der öffentlichen Verwaltung.[6]

Die Echtzeitgesellschaft

Die mobile Echtzeitgesellschaft des 21. Jahrhunderts forciert diese Entwicklungen, indem sie eine nahezu allumfassende Digitalisierung der Arbeitswelt, des öffentlichen Lebens und sogar des privaten Alltags betreibt. Überall finden wir avancierte, miniaturisierte Informations- und Kommunikationstechnik, die in die Gegenstände eingebettet ist und mit diesen regelrecht verschmilzt.[7] Die Zutrittskontrolle zu Gebäuden mag hier als Beispiel dienen: Die smarte Tür erkennt durch ihre Sensoren, ob sich eine Person nähert, und öffnet die Tür wie von Geisterhand. Sie kann nach bestimmten Regeln programmiert werden. Personen dürfen dann die Tür nur zu festgelegten Zeiten passieren oder nur, wenn sie bestimmte biometrische Eigenschaften besitzen.

Digitalisierung heißt also, dass realweltliche Vorgänge von Sensoren erfasst und in digitale, maschinenlesbare Daten umgewandelt werden. Mithilfe von Informations- und Kommunikationstechnik werden diese Daten aufbereitet und an Rechner übermittelt, deren Computerprogramme (Algorithmen) die Daten zu Informationen verdichten. Auf diese Weise lassen sich Muster erkennen wie etwa »Person ist bekannt und autorisiert, das Gebäude zu betreten«. Anschließend geschieht mit den Daten dreierlei: Sie werden genutzt, um realweltliche Prozesse automatisch zu steuern, also ohne menschliche Eingriffe.[8] Die Tür öffnet sich in der Regel zuverlässig, wenn eine Person sich ihr nähert. Sie werden ausgewertet, um ad hoc ein aktuelles Lagebild zu generieren: Wie viele Leute sind im Gebäude? Wie viele haben es betreten oder verlassen? Derartige Analysen waren zuvor nur mit großem Zeitverzug möglich. Und die Daten werden schließlich gespeichert, damit die Möglichkeit besteht, die erfassten Prozesse zu einem späteren Zeitpunkt zu rekonstruieren (etwa im Fall eines kriminellen Delikts), aber auch, um die Daten in anderen Kontexten und zu anderen Zwecken (etwa werblichen) zu verwerten.

Die Prozesse vollziehen sich zunehmend in Echtzeit. Die smarte Tür muss nicht mehr zeitaufwändig prüfen, ob die Person autorisiert ist, das Gebäude zu betreten. Dank leistungsfähiger Erfassungs-, Kommunikations- und Datenverarbeitungstechnik geschieht das in Sekundenbruchteilen. Stärker noch als in der Wissensgesellschaft werden die Daten damit zum Rohstoff der Echtzeitgesellschaft. Denn nur die allumfassende Verfügbarkeit von Daten jeglicher Art macht es möglich, die Prozesse in Echtzeit zu steuern. Dabei spielen mobile und (teil)autonome Geräte wie das Smartphone eine wichtige Rolle, denn sie bringen eine neue Qualität der Durchdringung mit Informationstechnik mit sich: Im Internet der Dinge sind sowohl Personen als auch Objekte Bestandteile eines umfassenden Datennetzwerkes, die »always online« sind und permanent Daten generieren. Mobile, vernetzte Geräte, Sensoren, »intelligente« Dinge, Maschinen etc. machen Informationen über Position *und* Identität von Objekten *und* Personen jederzeit *und* überall verfügbar. Zeit und Raum werden damit wieder zu relevanten

Größen – ganz im Gegensatz zur Industriegesellschaft, in der diese beiden Größen an Bedeutung verloren hatten.[9]

In der globalisierten Ökonomie des ausgehenden 20. Jahrhunderts war es zunehmend unwichtig geworden, an welchem Ort produziert wurde: in Deutschland oder in China. Die Just-in-time-Produktion trieb die Vernichtung der Zeit insofern auf die Spitze, als die Vorprodukte ohne zeitlichen Vorlauf ans Band geliefert wurden.[10] Mithilfe moderner Verfahren der elektronischen Warenwirtschaft wurden aus sequenziellen Zeit*räumen* – mit Puffern und Spielräumen für Unerwartetes – eng getaktete Zeit*fenster*, die durch immer perfektere Synchronisation zunehmend miteinander verschmolzen und parallel (statt zuvor sequenziell) abgearbeitet werden mussten. Zwar steigen die Produktivität und die Effizienz eng gekoppelter Systeme, zum Beispiel durch Auflösung von Lagern, die als Puffer dienten. Zugleich steigt jedoch das Risiko, dass unvorhergesehene Störfälle das gesamte System lahmlegen. Das Beispiel der Deutschen Bahn etwa demonstriert anschaulich, dass die immer engere Taktung des Zugverkehrs in den letzten Jahrzehnten zwar die Produktivität gesteigert, zugleich aber auch die Anfälligkeit für Störungen vergrößert hat.

Die Echtzeitgesellschaft setzt auf diesen Tendenzen der Synchronisation sozialer Interaktionen auf und treibt sie auf die Spitze. Mobile Geräte wie das Smartphone ermöglichen, dass wir an mehreren Orten zugleich präsent sind. Der Jugendliche, der während der Familienfeier über soziale Medien online mit seinen Freunden verbunden ist und gleichzeitig bei eBay mitbietet, sei hier als ein Beispiel genannt. Das Just-in-time-Denken, das ursprünglich aus den Bereichen Militär und Logistik stammt und auf einer Logik der Kontrolle basiert, prägt zunehmend auch unser Alltagshandeln. Die Dinge können nicht mehr warten, sondern müssen sofort erledigt werden. »Sofortness« und »digitale Ungeduld« sind die neuen Zauberworte. Der Brief, der noch vor wenigen Jahrzehnten frühestens in acht Tagen beantwortet sein konnte (bei Laufzeiten von drei bis vier Tagen pro Richtung – international eher Wochen), muss heute, sofern er als E-Mail eintrifft, möglichst am selben Tag bearbeitet werden – egal, an welchem Ort der Welt man sich gerade befindet.[11]

Die Echtzeitgesellschaft ist also einerseits eine zeitlose Gesellschaft. Andererseits gewinnen die Faktoren Raum und Zeit eine neue Bedeutung – und zwar in Form der sogenannten Metadaten, die bei elektronischen Transaktionen quasi nebenbei anfallen. Denn diese enthalten wertvolle Informationen wie die Identität und Position des Senders, die Adresse des Empfängers oder den Zeitpunkt der Interaktion.[12]

Bereits im Ersten Weltkrieg wurde das Verfahren der Verkehrsdatenanalyse entwickelt. Dem deutschen Militär gelang es nicht, den verschlüsselten Funkverkehr des militärischen Gegners zu decodieren. Man fand aber heraus, dass allein die Verbindungsdaten (wer funkt wann wo mit wem) wichtige Informationen enthalten. Sie ermöglichen es, Kommunikationsmuster zu dechiffrieren, die genauso wertvoll sein können wie der Inhalt der Kommunikation. Man musste die Funksprüche also nicht decodieren. Allein das Muster der Metadaten verriet zuverlässig, was der militärische Gegner vorhatte.[13]

Dies gilt im Zeitalter der digitalen Kommunikation umso mehr: Wo wir uns befinden, wenn wir mit unserem Smartphone eine Nachricht absetzen oder eine Transaktion tätigen, und wann wir das tun, sind Daten, für die sich nicht nur die Nachrichtendienste interessieren. Auch eine Reihe neuartiger Geschäftsmodelle basiert auf Big-Data-Verfahren der Auswertung von Daten und Metadaten, beispielsweise in Form von »location based services«, die individuell maßgeschneiderte Angebote unterbreiten.[14] Im Urlaub enthält die digitale Zeitung im Smartphone lokale Nachrichten aus der jeweiligen Region, die zu Hause nicht angezeigt werden. Das »behavioural targeting« funktioniert ähnlich, also die personalisierte Werbung, die aus den Aktionen (Suchanfragen, Likes etc.) einer Person auf deren Präferenzen schließt und daraus Empfehlungen und Angebote ableitet, die ihr gezielt unterbreitet werden. Schließlich nutzen auch Anbieter von Mobilitätsdienstleistungen Echtzeitdaten ihrer Kunden mit Zeitstempel und Raumkoordinaten, um ein Lagebild – etwa des Verkehrssystems – zu generieren und Empfehlungen auszusprechen beziehungsweise passgenaue Services anzubieten.

Leben in Echtzeit

In Echtzeit zu leben und zu handeln, bedeutet also eine enorme Verdichtung von Prozessen, die sich zuvor in größeren Zeiträumen abgespielt haben. Die sozialwissenschaftliche Entscheidungstheorie geht davon aus, dass menschliches Handeln typischerweise fünf Teilschritte umfasst: die Situationsanalyse, die Generierung möglicher Handlungsalternativen, die Entscheidung für eine der verfügbaren Alternativen und schließlich die Handlungsausführung, gefolgt von einer Bewertung, ob diese Handlung erfolgreich war. In Echtzeitsystemen fallen diese fünf Schritte faktisch in eins, während sie zuvor einen gewissen Zeitaufwand mit sich brachten oder zeitlich nacheinander abgearbeitet werden mussten. Man denke an die dynamische Routenplanung mithilfe von Mobilitäts-Apps, die die Reisevorbereitung mithilfe des Autoatlas oder des Kursbuches der Bahn ersetzt hat. Die Planung einer Handlung und deren Ausführung erfolgen nun nicht mehr sequenziell, sondern nahezu simultan.

In unserem Alltag leben wir oftmals in Echtzeit. Wir treffen in der Stadt zufällig einen alten Freund und beschließen spontan, mit ihm Kaffee trinken zu gehen. Eigentlich ähnlich wie der Vormensch. Wenn er bei seinen Streifzügen auf etwas Essbares stieß, dann verzehrte er es. Ansonsten musste er oft tagelang hungern. Leben in Echtzeit.

Das änderte sich erst, als Menschen vor gut zehntausend Jahren sesshaft wurden. Planen und Handeln fielen erstmals auseinander. Möglich wurde dies durch die revolutionäre Erfindung einer neuen Technik: der Tier- und Pflanzenzucht.[15] Die Produktion und der Konsum von Nahrungsmitteln fanden nunmehr zu unterschiedlichen Zeitpunkten statt, aber dies musste geplant und organisiert werden. Die Möglichkeit, nicht in Echtzeit zu leben, hängt somit stark von der Technisierung der Welt, aber auch der Organisation des Lebens und Zusammenlebens ab. Beides eröffnet die Option, künftige Handlungen vorausschauend zu planen. Die Gefriertruhe ermöglicht es, Speisen aufzubewahren und später zu verzehren. Die Fusionsplanung zweier Unternehmen verheißt, später höhere Gewinne zu erzielen. Und der ICE-Fahrplan der Deutschen Bahn verspricht für nächste Woche schnelle Verbindungen zwischen deutschen Großstädten.

Die fünf Schritte der Handlungssequenz vollziehen sich nicht nur zeitlich getrennt voneinander. Sie können auch sachlich, räumlich und sozial separiert sein. Die Planer der Deutschen Bahn entwickeln Verbindungen für ICE-Züge, die sie nicht selbst fahren und die sich an Orten fernab der Planungsbüros bewegen. Zudem fahren die Züge zu Zeitpunkten, an denen die Planung längst abgeschlossen ist. Der Prozess der Planung ist ferner zeitaufwändig und benötigt einen gewissen Vorlauf vor der Ausführung der Handlung.

Das alles ändert sich in der Echtzeitgesellschaft. Digitale und vernetzte Technik ermöglicht eine zeitliche Verdichtung sämtlicher Prozesse, sodass alle fünf Schritte der Handlungssequenz nahezu simultan erfolgen können. Vorausschauende Planung wird verdrängt von dynamisch-adaptiver Reaktion auf die jeweils aktuelle Situation. Die benötigten Werkstücke werden just in time ans Band geliefert – genauso wie die Pizza-on-demand in die heimische Wohnung. Die Spracherkennung übersetzt unsere Worte im Moment der Eingabe in Geschriebenes. Unmittelbar nach der Online-Klausur stehen die Noten fest. Smarte Geräte unterstützen das Gesundheitsmonitoring und alarmieren die Ärzte automatisch. Und die Mobilitäts-App schlägt im Fall einer Störung sofort eine alternative Route vor.

Dieses Leben in Echtzeit steigert die Flexibilität, aber auch den Zeitdruck und damit das Risiko von Fehlentscheidungen. Zwar muss immer noch geplant werden. Aber das betrifft in erster Linie die Programmierung der Algorithmen, die unser Handeln situativ steuern. Wie sich das morgen in konkreten Handlungen niederschlagen wird, weiß heute noch niemand.

Beschleunigung

Der Soziologe Hartmut Rosa hat die Veränderungen der Zeitstrukturen der Moderne in etlichen Publikationen beschrieben und mit dem Begriff »Beschleunigung« belegt. Rosa zufolge basiert die Moderne auf den Prinzipien des Wachstums und der Beschleunigung. Die Welt sei »in permanenter Veränderung und immer schnellerer Bewegung«. Angesichts der ungebremsten »Steigerungslogik der modernen Gesellschaft« sei die zentrale Frage, wie ein gutes, selbstbestimmtes Leben möglich sei. Sein Ziel ist es daher, eine »Soziologie des guten Lebens« zu entwickeln.[16]

Rosa unterscheidet zwei Phasen der Moderne: Die Zeit von der Aufklärung bis zur Mitte des 20. Jahrhunderts sieht er durch Fortschritt und Wachstum geprägt sowie durch eine Steigerung von Optionen, von Lebensqualität und von individueller Autonomie. Die darauffolgende Phase der Spätmoderne, die er ab Mitte beziehungsweise Ende des 20. Jahrhunderts datiert, bringe hingegen einen Rückschritt, allenfalls Stillstand mit sich. Man benötige mittlerweile enorme Energien, um das Tempo des Wachstums aufrechtzuerhalten und individuell mitzuhalten, doch Wachstum und Beschleunigung gingen nicht mehr mit einer Steigerung der Lebensqualität einher.[17]

Diese pessimistische, ja dystopische Gegenwartsdiagnose basiert auf der Wahrnehmung, dass die Gewinne, die mit der Beschleunigung des technischen und sozialen Wandels, aber auch des Lebenstempos einhergehen, in einer Art Rebound-Effekt wieder aufgezehrt werden. So bringe die Beschleunigung zwar zunächst eine Zeitersparnis mit sich. Das Multitasking steigere aber letztlich nur »die Zahl der Handlungs- und/oder Erlebnisepisoden pro Zeiteinheit«. Immer mehr müsse im gleichen Zeitintervall erledigt werden, was letztlich zur »Temporalinsolvenz«, zur »Überforderung von Psyche und Physis« und schließlich zum »Burnout« führe.[18]

Einen möglichen Ausweg aus dieser Spirale sieht Rosa in der gezielten Entschleunigung (Slow Food, Esoterik, Fernsehverzicht, Klosteraufenthalt). Größere Hoffnungen verbindet er allerdings mit dem Konzept der Resonanz, das der zunehmenden Entfremdung des Menschen entgegenwirken könne. Rosa gibt offen zu, dass sein Begriff »Resonanz« wenig klar konturiert ist. Er benutzt ihn im Sinne von Anerkennung (bei der Arbeit, in persönlichen Beziehungen), aber auch von Sinnerfüllung, gesteigerter Lebensqualität und subjektiver Zufriedenheit – also in gewisser Weise als Gegenbegriff zu Entfremdung, den er allerdings nur ex negativo bestimmen kann.

Rosa liefert mit seiner Kritik der Beschleunigung der Moderne und seinem Gegenentwurf der Resonanz eine düstere Diagnose, die aktuelle Strömungen des Zeitgeistes aufgreift und verarbeitet. Er fokussiert dabei jedoch nahezu ausschließlich auf das einzelne Subjekt, dessen psychische Überforderung sowie die Frage nach dem guten Leben, die typischerweise in die Zuständigkeit von Philosophen fällt. Eine gesellschaftspolitische Perspektive ist bei ihm nicht erkennbar. Seine Gegenwartsdiagnose basiert auf wortgewaltigen, oftmals suggestiv vorgetragenen Behauptungen, die nur selten empirisch geerdet sind und als Quellen insbesondere die soziologischen Klassiker sowie anekdotische Evidenzen anführen.[19]

Gegen Rosa kann man zudem einwenden, dass nicht die Beschleunigung an sich zu den von ihm diagnostizierten Problemen führt, sondern die Art und Weise, wie wir mit den dadurch erzielten Zeitgewinnen umgehen – und zwar als Individuen, aber auch als Organisationen. Die Literaturrecherche für ein Buch war noch vor zwanzig Jahren ein mühsames Geschäft, verbunden mit Reisen zu Bibliotheken in anderen Städten. Dort angekommen, musste man zu knapp bemessenen Öffnungszeiten Texte ausleihen und Seite für Seite fotokopieren. Heute geht das alles mit wenigen Mausklicks vom heimischen Rechner aus. Eine enorme Beschleunigung und ein enormer Zeitgewinn, vor allem aber ein Produktivitätsgewinn. Aber übt das einen derartigen Druck aus, eine Art Sachzwang, dass man heutzutage die doppelte Menge Texte lesen oder die doppelte Anzahl Bücher schreiben muss?

Nicht zwangsläufig, denn es hängt von der Organisation des privaten Lebens beziehungsweise der beruflichen Arbeit ab, ob es zu einem Rebound-Effekt kommt, ob also die Zeitersparnis dazu führt, dass eine Steigerung des Outputs erwartet wird. Jeder Einzelne kann mit sich Regeln vereinbaren, wie mit der gesparten Zeit umgegangen wird. Wenn es heute möglich ist, innerhalb von zwei Stunden nach Mallorca zu fliegen, muss man dies nicht zwangsläufig mehrfach im Jahr tun. Bei Rosa hat es hingegen den Anschein, als ob die *quantitative* Steigerung der Menge der möglichen Handlungen pro Zeiteinheit quasi automatisch eine *qualitative* Veränderung des Lebens im Sinne der Beschleunigungsthese nach sich zieht. Dabei legt er sein Augenmerk vor allem auf mögliche negative Begleiterscheinungen wie Stress und Burnout. Dass der Wegfall unangenehmer und zeitraubender Tätigkeiten subjektiv auch als Entlastung oder Erleichterung empfunden werden kann, nimmt er nicht in den Blick.

Beim Umgang mit den Folgen der Beschleunigung sind vor allem die Organisationen gefragt, Regeln wie etwa eine Verkürzung der Arbeitszeit oder das Abschalten der Mailserver an Wochenenden zu vereinbaren. So lässt sich vermeiden, dass die Produktivitätsgewinne zulasten der Beschäftigten gehen. Wenn dies nicht der Fall ist und eine stets steigende Arbeitsleistung gefordert wird, so liegen die Ursachen nicht in der Beschleunigung an sich, sondern in der Art und Weise, wie mit den Zeitgewinnen umgegangen wird und wie die Produktivitätsgewinne verteilt werden. Doch das ist kein individualpsychologisches, sondern ein gesellschaftspolitisches Problem, vergleichbar etwa mit der Einführung des Fließbandes oder der Industrieroboter. Und dieses Problem löst man nicht, indem man resonante Schwingungen erzeugt, sondern indem man sich politisch für Verteilungsgerechtigkeit einsetzt.

Mit seiner Diagnose der Beschleunigung bleibt Hartmut Rosa also auf halbem Wege stecken, nämlich auf der Mikroebene des Individuums. Rosas Ansatz ist eher in der Psychologie beziehungsweise der Philosophie als in der Soziologie verankert und hilft nicht, die Strukturen und Dynamiken der Echtzeitgesellschaft, also die Prozesse der Meso- und Makroebene, zu verstehen. Vor allem aber tragen seine Konzepte der Beschleunigung und der Resonanz nicht dazu bei, Alternativen oder gar Ansatzpunkte für eine Gestaltung der Echtzeitgesellschaft zu identifizieren.

Technik außer Kontrolle?

Dass ein Nachdenken über die Echtzeitgesellschaft mehr beinhalten muss als nur die Diagnose der Beschleunigung, ergibt sich allein daraus, dass die digitale Transformation eine Vielzahl ungelöster Probleme aufwirft. Dazu gehört insbesondere die Frage der Beherrschbarkeit datengetriebener Prozesse. Sie laufen mit hoher Geschwindigkeit ab und entziehen sich damit einer Kontrolle durch menschliche Akteure. Ist der Einzelne oder die Gesellschaft noch in der Lage, die mit hoher Geschwindigkeit ablaufenden Prozesse zu verstehen, geschweige denn zu beherrschen? Diese Frage drängt sich auf, wird von Rosa allerdings übergangen.

Die Digitalisierung geht mit einer Steigerung der Komplexität einher, da viele Prozesse von hochautomatisierten technischen Systemen ausgeführt und Entscheidungen in sehr kurzer Zeit getroffen werden. Damit nimmt die Undurchschaubarkeit komplexer, digitalisierter Systeme tendenziell zu. Außerdem geht mit der digitalen Repräsentation von Wirklichkeit der unmittelbare Bezug zum operativen Geschehen verloren. Lkw-Fahrer, Piloten, aber auch Betriebspersonal, das Großanlagen wie Kraftwerke, Chemieanlagen oder den Schienenverkehr steuert, sitzen meist in Leitständen fernab des realen Geschehens. Sie sind auf das digitale Abbild der Wirklichkeit angewiesen, das auf Computerbildschirmen angezeigt wird. Hier kann es zu Verwirrung über den aktuellen Betriebszustand (»mode confusion«) und zu einer Einschränkung der Fähigkeit kommen, im Notfall ein effektives Störfallmanagement zu leisten.[20]

Mit der Digitalisierung hält eine Logik der Kontrolle in viele Bereiche des Arbeitens und Lebens Einzug, die ursprünglich aus dem Militär und der Logistik stammt. Bereits zu Beginn des 19. Jahrhunderts hatte der deutsche General Carl von Clausewitz die Bedeutung der Logistik für die Kriegsführung erkannt. Die Erfassung und Verarbeitung logistischer Daten sollte dazu beitragen, die militärische Einsatzplanung wie auch die Versorgung der kämpfenden Truppen mit Nachschub zu verbessern, um auf diese Weise militärische Überlegenheit zu erzielen. Eine derartige Logik der Kontrolle hat bei der Steuerung von Kraftwerken, Chemieanlagen oder Produktionsprozessen zweifellos eine gewisse Berechtigung, will man diese Prozesse doch möglichst optimal beherrschen und Risiken vermeiden.[21]

Mit Smartphone, Smartwatch, Smart Home und dem intelligenten Auto dringt digitale Technik immer stärker in den privaten Alltag ein. Damit wird die Logik der Kontrolle in gesellschaftliche Lebensbereiche transferiert, die traditionell durch eine Balance von Autonomie und Kontrolle geprägt sind, deren Bewahrung Teil unserer freiheitlichen Grundordnung ist. Die fortschreitende Datafizierung sämtlicher Prozesse bringt diese Balance ins Wanken. Denn es hat erhebliche Auswirkungen auf den Datenschutz und die Privatsphäre, wenn auch der private Alltag lückenlos aufgezeichnet und überwacht werden kann.[22] Nicht alles, was wir tun, sollte kontrolliert und optimiert werden, da wir ansonsten Gefahr laufen, unsere Freiheitsspielräume und unsere Selbstbestimmung zu verlieren. Das »social scoring«, das in China mittlerweile praktiziert wird, mag hier als warnender Hinweis genügen. Bei diesem Verfahren wird eine Vielzahl von Daten der privaten Lebensführung erfasst, um das Verhalten von Individuen als normal oder abweichend zu klassifizieren und dementsprechend zu sanktionieren.

Die zunehmende Digitalisierung von Entscheidungsprozessen in komplexen soziotechnischen Systemen tangiert schließlich auch die politische Öffentlichkeit. Wenn Algorithmen Entscheidungen treffen, könnte dies tendenziell zu einer Erosion von Demokratie und deren Ersetzung durch eine »Algokratie«, also eine Herrschaft der Algorithmen, führen. Warum – so fragen manche Internetexperten – sollte man »schwarze Schafe« in der Taxibranche durch juristische Sanktionen bestrafen, wenn Algorithmen das auf Grundlage der Nutzerbewertungen viel effizienter können? Dieses Argument übersieht allerdings, dass die primäre Aufgabe der Politik darin besteht, Normen zu setzen: Wer darf Taxi fahren? Was ist die zulässige Höchstgeschwindigkeit? Algorithmen sind dazu nicht in der Lage. Dies kann nur der politische Diskurs, in dem unterschiedliche Wertvorstellungen aufeinandertreffen und der zu einer kollektiv verbindlichen Entscheidung führt. Algorithmen sind in der Durchsetzung von Normen, beispielsweise Tempolimits, durchaus hilfreich und nützlich. Sie können jedoch den politischen Prozess nicht ersetzen. Eine Algokratie wäre die Vorstufe einer totalitären Gesellschaft – eine Gefahr, vor der der Computerpionier Mark Weiser bereits 1991 gewarnt hat.[23]

Die digitale Gesellschaft operiert zwar effizienter und sicherer, zugleich ist sie aber immer stärker von der Technik abhängig und damit auch verletzlicher. Moderne, digitale, oftmals sogar autonome Technik trägt dazu bei, die Sicherheit komplexer soziotechnischer Systeme zu erhöhen und bekannte Risiken zu bewältigen. Ein Notbremsassistent im Pkw verhindert Auffahrunfälle zuverlässig, ein Spamfilter im Computer sortiert verdächtige E-Mails aus.

Zugleich ergeben sich aber auch neuartige Bedrohungen, beispielsweise im Falle eines Versagens der Technik oder durch Fehler im System. Außerdem sind die Systeme anfälliger für Attacken von außen. Probleme können sich zu Katastrophen aufschaukeln, weil kein Mensch mehr in der Lage ist, derartige Störfälle manuell zu beherrschen. Man denke nur an Börsencrashs, die vom »high-frequency trading« ausgelöst wurden, also Computerprogrammen, die vollautomatisch und praktisch unaufhaltsam in die Katastrophe steuerten. Diese Risiken betreffen nicht nur den Einzelnen, sondern das Gemeinwesen als Ganzes, ist die Gesellschaft doch auf das Funktionieren sicherheitskritischer Systeme angewiesen.[24]

So paradox es klingen mag: Digitalisierte soziotechnische Systeme sind sicherer, zugleich aber auch riskanter. In Erwartung einer hohen Zuverlässigkeit und perfekter Performance verlassen wir uns nämlich nicht nur auf derartige Systeme bei der Bewältigung bisheriger Aufgaben, sondern dehnen zudem die Grenzen unseres Handelns immer weiter aus. Ein Beispiel sind vollautomatisierte Interkontinentalflüge nachts und bei schwierigen Wetterverhältnissen.

Die Frage, ob wir auch in Zukunft in der Lage sein werden, komplexe soziotechnische Systeme zu beherrschen und sicher zu betreiben, lässt sich auf unterschiedliche Weise beantworten. Kapitel 3 widmet sich der Interaktion von Mensch und Technik und richtet das Augenmerk auf die Digitalisierung des Alltags, die Neuverteilung der Rollen von Mensch und (autonomer) Technik, das Vertrauen in Automation, die Akzeptanz von Technik – also auf unterschiedliche Aspekte des Zusammenspiels von Mensch und Technik in hybriden soziotechnischen Systemen. Nach der Mikroebene (Interaktion) wendet sich das Buch in den folgenden Kapiteln der Mesoebene (Organisation) und der Makroebene (Gesellschaft) zu.

Kapitel 4 wirft einen Blick auf das Risikomanagement von Organisationen, die sicherheitskritische Systeme betreiben, beispielsweise in den Bereichen Energieversorgung oder Transport und Verkehr. Es beleuchtet insbesondere die organisationskulturellen Faktoren, die für ein zuverlässiges Funktionieren derartiger Systeme erforderlich sind. Kapitel 5 befasst sich mit der Transformation soziotechnischer Systeme in Richtung Nachhaltigkeit und schlägt damit den Bogen zu Kapitel 6, das Optionen einer »intelligenten« politischen Regulierung der mobilen Echtzeitgesellschaft diskutiert. Mit dieser Palette an Themen, in deren Mittelpunkt die Echtzeitgesellschaft steht, bietet das Buch zugleich auch einen Überblick über die Forschungsarbeiten des Fachgebiets

Techniksoziologie der TU Dortmund der letzten zehn Jahre, das verstärkt auf die Methode der agentenbasierten Modellierung und Simulation setzt, um die genannten Fragestellungen zu bearbeiten.

Doch zunächst soll in Kapitel 2 die Perspektive der Techniksoziologie geschärft werden, die einen spezifischen Blick auf die Echtzeitgesellschaft wirft und die Interaktion von Mensch und autonomer Technik, aber auch Fragen der digitalen Transformation mit innovativen Konzepten und Methoden erforscht.

2. Technik als Gegenstand der Soziologie

Betrachtet man das Tempo und die Wucht, mit der die Echtzeitgesellschaft sich Bahn bricht, so könnte der Eindruck entstehen, technischer Wandel sei ein Schicksal, dem die Menschheit ausgeliefert ist. Moderne Gesellschaften scheinen von technischen Neuerungen getrieben zu sein: Man erlebt Technik als eine Art Sachzwang, der uns beherrscht und uns diktiert, wie wir uns zu verhalten haben. Die ständige Erreichbarkeit durch E-Mail, SMS oder Messenger-Dienste nötigt uns, auch im Privaten permanent in Habachtstellung zu sein und auf jede Nachricht sofort zu reagieren. Unternehmen scheinen ebenfalls gezwungen, beim enormen Tempo des technologischen Wettrüstens mitzuhalten, das unaufhörlich innovative Produkte generiert. Man spricht hier auch von Technikdeterminismus, also einer fundamentalen Prägung durch Technik, der sich die Gesellschaft nicht entziehen kann.[1]

So plausibel diese Wahrnehmung auf den ersten Blick erscheint, so verkürzt ist sie bei genauerer Betrachtung. Auch die digitale Transformation hin zur Echtzeitgesellschaft fällt nicht vom Himmel, sondern wird von Menschen gemacht, und zwar nicht nur von mächtigen Internetkonzernen. Tagtäglich beteiligen wir uns an dem Spiel, wenn wir digitale Datenspuren erzeugen. Nichts ist alternativlos: Zu jeder Innovation gab und gibt es Alternativen; und die Entscheidung, welche dieser Varianten sich letztlich durchsetzt, folgt keiner technischen, sondern einer sozialen Logik. Die Soziologie spricht daher von der »sozialen Konstruktion von Technik«, deren Sinn sich erschließt, wenn man die gesellschaftlichen Akteure und deren strategischen Interaktionen betrachtet. Die Akteure beteiligen sich an Aushandlungsprozessen über neue Technik, prägen so den Verlauf der Dinge und erreichen schließlich eine »soziale Schließung« – einen Konsens unterschiedlicher Interessengruppen, der den Ausschlag gibt, welche Alternative sich durchsetzt.[2]

Das Automobil

Ein anschauliches Beispiel für diese soziale Logik von Technik ist die Geschichte des Automobils: Zu Beginn der Ära der Automobilität um 1900 war der Elektromotor die meistverbreitete Antriebsform. Elektroautos waren zwar an die städtischen Stromnetze gebunden und damit nur eingeschränkt mobil. Dennoch sprach vieles für den Elektromotor: Es gab hinreichend technische Expertise und industrielles Know-how in der aufstrebenden Elektroindustrie.

Trotzdem setzte eine Allianz unterschiedlicher Interessengruppen schließlich den Verbrennungsmotor durch. Eine bedeutende Rolle spielte die junge mechanische Industrie, die bei der Produktion von Fahrrädern wichtiges Know-how erworben hatte. Neben wohlhabenden Städtern, die das Auto für Vergnügungstouren nutzten, waren es Landwirte und Landärzte, die von der mobilen Kraftquelle profitierten und eine hohe Nachfrage schufen. Die Erfindung des elektrischen Anlassers hat den Prozess beschleunigt, denn diese Technologie erleichterte das zuvor kraftaufwändige Starten des Motors. Hinzu kamen regulatorische Maßnahmen, die die Straße zur Rennstrecke umdefinierten. Wo man zuvor flaniert hatte, raste nun ein neues Verkehrsmittel: die elektrische Straßenbahn. Damit machte sie ungewollt den Weg für ihren ärgsten Konkurrenten frei: das Auto.[3]

Durch diese Schlüsselentscheidungen zu Beginn des 20. Jahrhunderts wurde ein soziotechnischer Pfad angelegt, der sich schrittweise verfestigte. Das große Beharrungsvermögen dieses Pfades war jedoch kein Naturgesetz, sondern wurde immer wieder neu »sozial konstruiert«, also durch Entscheidungen zementiert, die keiner technischen, sondern einer politischen Logik folgten. In den 1930er-Jahren wurden beispielsweise die deutschen Autobahnen auf Kosten der Bahn ausgebaut. Die Reichsbahn hatte zwar hohe Rücklagen, die sie dringend benötigt hätte, um die kriegsbedingten Schäden des Bahnnetzes zu beseitigen. Die Reichsregierung hatte ihr dieses Vermögen jedoch entzogen, um nach dem Ersten Weltkrieg die Reparationszahlungen an die Alliierten zu leisten. Eine derartige Ungleichbehandlung erlebte die Bahn ein zweites Mal nach dem Zweiten Weltkrieg. Beides waren politische Entscheidungen. Man hätte die Weichen auch anders stellen und das Bahnnetz ausbauen können. Erst seit den 1970er-Jahren hat sich die Lage zugunsten der Bahn verbessert, und es wurden erhebliche Investitionen in das Streckennetz und in den Fuhrpark getätigt.[4]

Heute befinden wir uns inmitten einer Renaissance des Elektroautos, das als Baustein einer nachhaltigen Verkehrswende betrachtet wird. Scheinbar versteinerte Pfade können also aufgebrochen werden, wenn die von ihnen erzeugten Probleme dazu führen, dass die gesellschaftliche Akzeptanz sinkt. Noch ist der Verbrennungsmotor dem Elektromotor in etlichen Punkten (Komfort, Reichweite, Geschwindigkeit) überlegen; aber wir sind angesichts der negativen externen Effekte nicht mehr davon überzeugt, dass er die drängenden Zukunftsprobleme in den Bereichen Umwelt, Energie oder Verkehr wird lösen können.[5]

Und so entstehen Alternativen, die das Potenzial haben, den Verbrennungsmotor abzulösen – vorausgesetzt, sie können sich auf ein breites Netzwerk starker Akteure stützen. Welche dieser Alternativen sich im Bereich Mobilität und Verkehr langfristig durchsetzen und welche Rolle dabei der Elektromotor spielen wird, ist zurzeit offen. Wir befinden uns in der »Phase der Gärung«, in der das alte Mobilitätsregime schrittweise erodiert und neue Optionen (wie Carsharing) erprobt werden, aus denen sich auf längere Sicht ein neues Mobilitätsregime entwickeln könnte.[6]

Soziotechnische Systeme

Wie das Beispiel des Automobils zeigt, begreift die Soziologie »Technik als sozialen Prozess«.[7] Im Mittelpunkt stehen die Akteure, deren Strategien sowie die Konstellationen, die sich durch das Zusammenspiel unterschiedlicher Akteure ergeben. Doch wo bleibt die Technik, und was ist das spezifisch »Technische« an der Techniksoziologie?

Die Antwort liegt im Konzept des »soziotechnischen Systems«, das den Blick auf das Zusammenspiel sozialer *und* technischer Komponenten legt, die erforderlich sind, um ein derartiges System zum Laufen zu bringen. Thomas Alva Edison gilt als Erfinder der Glühbirne. Doch diese Darstellung ist verkürzt. Denn er hat nicht nur das singuläre technische Artefakt erfunden, sondern er war ein »system builder«, der das komplette System der elektrischen Beleuchtung erschaffen hat. Hierzu zählen technische Komponenten wie Kraftwerke, Transformatoren und Stromleitungen, aber auch der Einsatz von Risikokapital, die Entwicklung ökonomisch profitabler Geschäftsmodelle, das zuvor nicht vorhandene Know-how von Ingenieuren und Betriebspersonal, schließlich der Handel, der Kundendienst und auch die politischen Rahmenbedingungen. Die Glühfadenleuchte, wie sie korrekt heißt, war zwar ein kritischer Faktor. Ohne die anderen Komponenten, die größtenteils ebenfalls erfunden werden mussten, hätte sie nie leuchten und Licht spenden können.[8]

Steve Jobs gilt als Erfinder des iPod. Aber auch das ist nur die halbe Wahrheit. MP3-Player gab es bereits vor dem iPod. Die besondere Leistung von Apple bestand darin, das komplette soziotechnische System des legalen Musik-Downloads erfunden zu haben, bei dem ein kritischer Faktor die Einbindung der Rechteinhaber war. Die großen Musiklabels, deren Mitwirken entscheidend für den Erfolg des iPods war, konnte Jobs für sich gewinnen, weil er den Zugriff auf die im iPod gespeicherten Musikdateien über die iTunes-Plattform kontrollierte und so die legale, kostenpflichtige Nutzung garantieren konnte.[9]

Das spezifisch Technische der Techniksoziologie liegt also darin, dass sie den Blick auf die Kopplung unterschiedlichster – technischer wie sozialer – Komponenten wirft, die einen Beitrag zum Funktionieren eines soziotechnischen Systems leisten. Nicht jede Kopplung gelingt. Aber manche erweisen sich als besonders wirkungsvoll und damit auch beharrlich.

Das Beispiel des Automobils mit Verbrennungsmotor verdeutlicht die unterschiedlichen Dimensionen, in denen diese Komponenten zu suchen sind. Dort finden wir im Bereich der *Industrie* vertikal integrierte Wertschöpfungsketten, die in der Regel von einem der großen Hersteller, den sogenannten OEMs, gesteuert werden. *Technologisch* basiert das Automobil meist noch auf der Verbrennung fossiler Brennstoffe in mobilen, dezentralen Kraftwerken. Auf Seiten der *Nutzer* stehen der individuelle Besitz und die individuelle Nutzung für flexibles Reisen auf langen Strecken (noch) im Mittelpunkt. *Kulturell* fungiert das Auto (noch) als Statussymbol. Die *Politik* schützt und fördert diese Technologie (noch) durch entsprechende gesetzliche und steuerliche Rahmenbedingungen. Schließlich existiert eine rechtliche und technische *Infrastruktur*, beispielsweise in Form von Autobahnen und Tankstellennetzen, ohne die das Automobil faktisch wertlos wäre, die zugleich aber auch Alternativen wenig Spielräume bietet.[10]

Das enge und jahrzehntelang stabile Zusammenspiel dieser sechs Dimensionen hat einen soziotechnischen Pfad etabliert und eine Konfiguration stabilisiert, die wir mit dem Begriff des soziotechnischen Regimes beschreiben. In diesem Begriff findet sich die Vorstellung, dass es zu bestimmten Zeitpunkten meist nur eine dominante Konfiguration gibt, die von einem stabilen Netzwerk von Akteuren getragen wird. Eine wesentliche Stütze des Regimes sind die vorherrschenden Überzeugungen (in Politik, Wirtschaft, Ingenieur-Communities, Gesellschaft), dass dieser Weg der richtige ist und es sich nicht lohnt, vom eingeschlagenen Pfad abzuweichen und Alternativen ernsthaft zu prüfen.[11]

Dieses Festhalten am Bewährten hat Vor- und Nachteile. Man geht kein Risiko ein, wenn man die nächste Generation von Automobilen so oder ähnlich konstruiert wie die letzte – nur ein bisschen schneller, komfortabler, umweltfreundlicher. Man greift auf etablierte Konzepte zurück und kann sich darauf konzentrieren, die Technik zu optimieren. Getragen wird dies vom Glauben, dass man auf dem richtigen Weg sei, den alle anderen auch beschreiten, darunter die potenziellen Kunden, die ebenfalls mehrheitlich die bekannte Technik nachfragen.

Soziotechnische Systeme, die sich zu soziotechnischen Regimes verfestigen und zum dominanten Design werden, besitzen also neben ihren technischen und sozialen Komponenten eine weitere nichttechnische Dimension: die gemeinsam geteilte Überzeugung, wie ein soziotechnisches System gestaltet sein sollte, das heißt, aus welchen technischen, sozialen, normativen und regulativen Komponenten es bestehen sollte. Auf diese Weise stützen sich die beteiligten Akteure gegenseitig und tragen zur Fortsetzung des bestehenden Pfades und damit zur Pfadabhängigkeit bei.

Das Beispiel des Automobils zeigt aber auch, dass ein soziotechnisches Regime Risse bekommen kann, wenn – angesichts der klima- und gesundheitsschädlichen Wirkungen ungebremster Automobilität – die Überzeugung nicht mehr trägt, dass der eingeschlagene Pfad der richtige ist. Ein Pfeiler nach dem anderen beginnt zu bröckeln, und zentrale Akteure, die das Regime jahrzehntelang gestützt haben, wenden sich ab.

Die Techniksoziologie wirft also sowohl den Blick auf die Akteurkonstellationen als auch auf die soziale Logik von Technisierungsprozessen. Damit trägt sie zu einem vertieften Verständnis derartiger Prozesse in Technik und Gesellschaft bei. Ihr Anspruch ist darüber hinaus, an der Gestaltung von Technikentwicklung mitzuwirken und die Erkenntnisse, die sie in ihren Analysen vergangener Technikprojekte gewonnen hat, in den Prozess der Entwicklung künftiger soziotechnischer Systeme einzubringen. Wie kann das gelingen? Gibt es Verfahren, mit denen man in die Zukunft schauen kann? Kann man vorhersagen, welche Folgen der flächendeckende Einsatz digitaler Technik für den Einzelnen beziehungsweise für die Gesellschaft haben wird?

Modellierung und Simulation

Um diese Fragen zu beantworten, lohnt es sich, zunächst einmal zu schauen, wie andere Wissenschaften damit umgehen, zum Beispiel die Ökonomie, wenn sie den Konjunkturverlauf prognostiziert, oder die Meteorologie, wenn sie das Wetter vorhersagt. Beide Wissenschaften arbeiten mit Modellen (der Volkswirtschaft beziehungsweise des Wetters), die auf theoretischen Annahmen über die Funktionsweise des jeweiligen Systems sowie die in ihm ablaufenden Prozesse basieren. Derartige Modelle sind nicht identisch mit der Wirklichkeit; sie stellen vielmehr abstrakte Repräsentationen der realen Welt dar, die so komplex wie nötig und so einfach wie möglich sind. Modelle übersetzen Theorien in eine formale, mathematische Sprache, sodass sich hypothetisch postulierte Zusammenhänge durch empirische Daten überprüfen lassen.[12]

Die Modelle der Ökonomen und Meteorologen werden mit großen Mengen Realdaten gespeist, um dann mithilfe aufwändiger Simulationsrechnungen Szenarien durchzuspielen und Vorhersagen über künftige Ereignisse zu treffen. In beiden Fällen sind die Prognosen gelegentlich fehlerhaft. Die Ereignisse treten nicht in der vorhergesagten Weise ein.[13] Würden wir trotzdem auf Konjunkturprognosen und Wettervorhersagen verzichten wollen? Wären wir mit einer Ökonomie oder Meteorologie zufrieden, die lediglich den Konjunkturverlauf beziehungsweise die Wetterentwicklung der Vergangenheit beschreibt, sich aber nicht zutraut, einen Blick in die Zukunft zu werfen?

Wahrscheinlich nicht. Also werden wir weiterhin auf Modelle setzen, ohne jedoch einem blinden Modell-Fetischismus zu verfallen, der glaubt, Modelle seien ein getreues Abbild der Wirklichkeit. Wir werden die Modelle schrittweise verbessern, ihren Auflösungsgrad steigern (im Fall der Meteorologie) oder versuchen, das reale Verhalten von Wirtschaftssubjekten nachzubauen, statt mit abstrakten und realitätsfernen Konzepten eines »homo oeconomicus« zu operieren (im Fall der Ökonomie). Und wir werden lernen, dass der Wert von Modellen nicht darin liegt, uns mit absoluten Wahrheiten zu versorgen, sondern uns Orientierung zu vermitteln und uns zu helfen, hypothetische Annahmen zu überprüfen, zum Beispiel über die Wirksamkeit konjunkturpolitischer Eingriffe in die Wirtschaft. Dies tut man in der Regel mithilfe von Simulationsexperimenten.

Die Sozialwissenschaften hinken in diesem Prozess weit hinterher. Sie haben ihre Stärke in der Rekonstruktion vergangener Entwicklungen, zum Beispiel der Automobilität im 20. Jahrhundert. Aber sie sind nur begrenzt in der Lage, Prognosen über die Mobilität im 21. Jahrhundert abzugeben. Zudem haben sie trotz jahrzehntelanger intensiver Forschung noch keine Antworten auf wichtige Fragen wie etwa die der Steuerbarkeit komplexer Systeme gefunden.[14] Ein möglicher Grund liegt darin, dass die Soziologie den Wert der Modellierung sozialer und soziotechnischer Systeme noch nicht erkannt hat. Viele Forscherinnen und Forscher betreiben entweder Theoriearbeit *oder* empirische Forschung. Eine systematische Verknüpfung dieser beiden Standbeine jeglicher Wissenschaft findet jedoch zu selten statt. Modelle sind aber das erforderliche Bindeglied zwischen Theorie und Empirie, denn sie übersetzen theoretische Postulate in formal beschreibbare Zusammenhänge, die mithilfe empirischer Daten überprüft werden können.

Eine Soziologie, die den Anspruch erhebt, die Zukunft von Technik und Gesellschaft auf Basis (sozial)wissenschaftlicher Analysen mitgestalten zu wollen, müsste also zunächst Modelle komplexer soziotechnischer Systeme und deren Steuerung entwickeln und vermehrt die Methode der Computersimulation nutzen. Nur so lassen sich die Grenzen traditioneller Methoden überwinden. Zu diesen etablierten Methoden, deren Leistungsfähigkeit nicht bestritten werden soll, zählen Fallstudien, Befragungen, die Netzwerkanalyse und die Szenariotechnik (die auch kombiniert werden können).

Fallstudien entwickeln auf Basis von Dokumentenanalysen, Interviews beziehungsweise teilnehmender Beobachtung dichte Beschreibungen eines oder mehrerer Technikprojekte und versuchen, die Faktoren zu identifizieren, die für deren Erfolg oder deren Scheitern verantwortlich waren. Man versucht also, Lehren aus der Vergangenheit zu ziehen und daraus Hinweise für die Gestaltung künftiger Technikprojekte abzuleiten. Problematisch ist allerdings die Generalisierung von Erkenntnissen, die auf Basis weniger Einzelfälle erlangt wurden, wie auch deren Projektion in die Zukunft.[15]

Befragungen einer großen Zahl von Personen und die quantitative Auswertung der so gewonnenen Einstellungsdaten liefern eine statistisch valide Beschreibung eines Ist-Zustands, etwa bezüglich der Akzeptanz von Technik. Panelstudien, die derartige Befragungen in regelmäßigen Abständen wiederholen, zeigen mögliche Trends auf. Allerdings erhebt man auf diese Weise subjektive Wahrnehmungen und Einstellungen (etwa zum Umweltbewusstsein), die sich nicht zwangsläufig in entsprechendem Verhalten niederschlagen müssen. Zudem ist es unmöglich, mithilfe dieser Methode künftige Entwicklungen zu antizipieren.[16]

Die *Netzwerkanalyse* ist ein leistungsfähiges Werkzeug zur Identifikation der Strukturen sozialer Kollektive. Sie deckt auf, wer die zentralen und wer die peripheren Akteure sind und wer die Informationsflüsse im Netzwerk kontrolliert. Die Netzwerkanalyse wird genutzt, um die Rolle von Netzwerken bei der Entstehung, aber auch der Diffusion von Innovationen zu analysieren. Sie ermöglicht zudem, latente Beziehungen zu identifizieren und dieses Wissen zur Beeinflussung der Akteure zu nutzen: »Wer dieses Buch gekauft hat, hat auch jenes gekauft.« Aber auch hier gilt: Diese Methode liefert lediglich eine statische Momentaufnahme der Struktur großer Kollektive, das in der Gegenwart oder der Vergangenheit liegt. Aussagen über die Netzwerkdynamik, also über die Entstehung und die künftige Entwicklung von Netzwerken, sind damit kaum möglich.[17]

Die drei genannten traditionellen Methoden sind folglich nicht in der Lage, in die Zukunft zu schauen und beispielsweise die Frage zu beantworten, welche Auswirkungen der Einsatz neuer, digitaler Technologien haben wird und welche Gestalt die Echtzeitgesellschaft annehmen wird.

Anders verhält es sich mit der *Szenariotechnik*. Diese nutzt Daten, die mithilfe traditioneller Methoden gewonnen wurden, um daraus alternative Zukunftsszenarien zu entwickeln, also Pfade, die mögliche Entwicklungen von Technik und Gesellschaft beschreiben. Sie stützt sich dabei auf das Urteil von Experten oder auf partizipative Verfahren, in denen die betroffenen Stakeholder, aber auch Laien einbezogen werden. Auf diese Weise werden Chancen und Risiken alternativer Pfade sowie politische Gestaltungsoptionen aufgezeigt. Die Szenariotechnik ist mittlerweile ein etabliertes Verfahren der Technikfolgenabschätzung, das wertvolle Hilfestellung bei der Abschätzung möglicher Zukünfte leistet. Sie ist allerdings nicht in der Lage, fundierte Aussagen zu treffen, welche Folgen politische Eingriffe haben werden (beispielsweise die Förderung alternativer Mobilitätskonzepte wie Carsharing) und ob dadurch eine nachhaltige Verhaltensänderung der Akteure bewirkt werden kann.[18]

Hier kommt die *agentenbasierte Modellierung* (ABM) ins Spiel, denn sie ermöglicht, derartige Szenarien experimentell zu erproben und am Computer durchzuspielen – ein entscheidender Vorteil gegenüber allen anderen Methoden. Mithilfe der ABM kann man reale Personen als Software-Agenten nachbauen und deren Entscheidungen modellieren. Vor allem aber kann man durch Simulationsexperimente herausfinden, welche Folgen und strukturellen Effekte das »handelnde Zusammenwirken«[19] vieler Einzelner auf der Systemebene hat. Mittels Befragungen kann man herausfinden, ob eine Person bereit wäre, vom Auto auf das Fahrrad oder den öffentlichen Nahverkehr umzusteigen. Ob sie es wirklich tut und, wenn ja, welche Effekte sich aus den Wechselwirkungen der Handlungen vieler Individuen ergeben, kann auf diese Weise jedoch nicht ermittelt werden. Die Prozesse der Aggregation, also des Übergangs von der Mikroebene der Akteurhandlungen zur Makroebene der sozialen Strukturen, lassen sich nur mit der Methode der ABM analysieren. Zudem kann man überprüfen, wie die Akteure auf externe Anreize reagieren (etwa den Ausbau von Radwegen) und wie dies sich auf die Systemdynamik auswirkt. Keine der oben besprochenen, traditionellen soziologischen Methoden ist dazu in der Lage.[20]

Bevor ein agentenbasiertes Modell eines soziotechnischen Systems als Software realisiert und für Simulationsexperimente verwendet wird, muss ein *soziologisches Modell* dieses Systems entwickelt werden, das die wesentlichen Bestandteile und vor allem die Mechanismen enthält, die später implementiert werden. Dazu gehören die Akteure und deren Entscheidungsregeln, der Kontext, in dem die Akteure sich bewegen, sowie die Interaktionsregeln. Benötigt werden ferner Mechanismen des Übergangs von der Mikroebene der Akteure zur Makroebene des Systems und umgekehrt sowie schließlich Ansatzpunkte für externe Interventionen.

Reale *Akteure* sind mit Eigenschaften, Präferenzen und Strategien ausgestattet, die individuell verschieden sind; diese lassen sich durch Befragungen erfassen. (ABM profitiert also auch von traditionellen Methoden.) Die so gewonnenen Daten erlauben eine Typisierung: etwa ökologisch eingestellte Radfahrer und komfortorientierte Autofahrer. Technisch umgesetzt werden die Akteurtypen mithilfe der objektorientierten Programmierung, die es ermöglicht, die Eigenschaften jedes einzelnen Software-Agenten so zu kapseln, dass dieser einen eigenständigen Charakter besitzt. Auf diese Weise kann man große Populationen heterogener Agenten im Computer implementieren, die sich in Bezug auf vielfältige Eigenschaften unterscheiden.

Ferner benötigt man *Entscheidungsregeln*, die festlegen, nach welchen Kriterien Agenten zwischen unterschiedlichen Alternativen wählen. Soziologische, psychologische und verhaltensökonomische Entscheidungstheorien sind sich weitgehend einig, dass Akteure sich bei ihren Entscheidungen an ihren individuellen Präferenzen orientieren und versuchen, in einer gegebenen Situation die Lösung zu finden, die aus ihrer subjektiven Sicht als die beste bewertet wird. Dies muss keinesfalls die richtige oder optimale Lösung sein. Es ist durchaus denkbar, dass zwei Akteure in der gleichen Situation unterschiedlich handeln:

Der eine fährt Auto, der andere Rad. Das softwaretechnisch zu implementierende Handlungs- und Entscheidungsmodell muss also die individuelle Gewichtung konfligierender Ziele abbilden und zudem die Wahrscheinlichkeiten berücksichtigen, mit der unterschiedliche Handlungen zur Erreichung der jeweiligen Ziele beitragen. Agentenbasierte Modelle erlauben es, die Entscheidungsprozesse einer großen Zahl von Agenten nahezu simultan abzuwickeln und deren Interaktionen zu beobachten. Die rasant gestiegene Rechnerleistung erlaubt es zudem, auch Agentenmodelle zu implementieren, die Entscheidungsalgorithmen enthalten, die der Komplexität des Handelns realer Entscheider nahekommen.[21]

Die Entscheidungen der Akteure werden durch den *Kontext* beeinflusst, in dem sie sich befinden, zum Beispiel die Verkehrsinfrastruktur einer Stadt. Dieser soziotechnische Kontext wird in Simulationsmodellen in abstrakter Form als Spielfeld abgebildet, auf dem die Agenten sich bewegen und mit dem sie nach bestimmten *Regeln* interagieren (sie zahlen etwa eine Maut für die Benutzung einer Straße oder belasten die Umwelt durch CO_2-Emissionen). Sie werden in ihren Handlungen durch die Systemstrukturen geprägt (Radwege kann man nicht mit dem Auto befahren), aber sie verändern durch ihre Aktionen auch den Systemzustand und damit die Randbedingungen des Handelns der anderen Agenten, indem sie beispielsweise zur Entstehung eines Verkehrsstaus beitragen.

Dieser *Makro-Mikro-Makro-Mechanismus* sorgt dafür, dass das System stets in Bewegung ist. Zudem entstehen auf diese Weise emergente Effekte – überraschende und schwer vorhersehbare Systemzustände, die sich nicht aus den Eigenschaften der Systemelemente (also der Agenten) ableiten lassen. Sie sind vielmehr das nicht intendierte Ergebnis der intentionalen Handlungen einer Vielzahl autonom handelnder Agenten sind. Ein anschauliches Beispiel für einen derartigen Effekt ist der Verkehrsstau. Niemand führt ihn absichtlich herbei, und dennoch entwickelt er sich, weil jeder daran mitwirkt. Zudem hat er unerwartete emergente Eigenschaften, die in den Regeln der Mikroebene nicht aufzufinden sind: Die Autos bewegen sich vorwärts, der Stau als Makrophänomen hingegen mit einer konstanten Geschwindigkeit in die entgegengesetzte Richtung, wobei die Teilnehmer wechseln.[22]

Das Ganze geschieht dezentral und selbstorganisiert, ohne dass es eines Dirigenten oder eines Steuermannes bedarf: Die Agenten sind in ihren Wahlhandlungen (»choices«) durch die strukturellen Bedingungen (»constraints«) geprägt, die jedoch ihrerseits das Resultat vorheriger Aktionen eben dieser Agenten sind und sich daher dynamisch wandeln. Die *Dynamik* des soziotechnischen Systems wie auch dessen Komplexität ergeben sich daher aus den Interaktionen der Agenten untereinander sowie mit dem Spielfeld.

Wie die Beispiele Verkehrsstau oder CO_2-Emissionen zeigen, können emergente Effekte gesellschaftlich unerwünscht sein und die Frage nach Möglichkeiten einer politischen *Intervention* aufwerfen. Im Vergleich zu anderen sozialwissenschaftlichen Methoden liegt die besondere Stärke von ABM darin, dass sie die Option eröffnet, Gestaltungskonzepte, die in der politischen Öffentlichkeit verhandelt werden, technisch zu implementieren, experimentell zu erproben und auf ihre Wirksamkeit zu überprüfen. Das gilt auch für Steuerungsmodelle, wie sie im Rahmen der politikwissenschaftlichen Governance-Debatte diskutiert werden.[23]

Die soziologisch fundierte Modellierung und Simulation macht es also möglich, die Strukturen und Dynamiken komplexer soziotechnischer Systeme zu erforschen und auf diese Weise unterschiedliche Zukunftsszenarien auszuloten. Man kann zudem die Wirkungen gezielter Eingriffe in diese Systeme beobachten und analysieren. Computersimulation ist ein innovatives Verfahren, das die Gesellschaft quasi ins Labor holt und Experimente durchführt, die im Realmaßstab entweder unmöglich wären oder einen viel zu hohen Zeitaufwand erfordern würden. Dabei greift ABM immer wieder auf andere Verfahren und Methoden zurück, etwa auf Befragungen zur Gewinnung der Realdaten oder auf statistische Methoden zur Auswertung der Versuchsergebnisse. ABM ist also kein Ersatz traditioneller Methoden, sondern ergänzt sie an einem zentralen Punkt: der softwaretechnischen Implementation von Szenarien und der experimentellen Überprüfung von Annahmen über die Dynamik und die Steuerbarkeit komplexer soziotechnischer Systeme.

Mithilfe der ABM kann die Soziologie einen Blick in die Zukunft werfen. Als Grundlage benötigt sie ein soziologisches Modell soziotechnischer Systeme, das realistische Annahmen über die Strategien der Akteure und über die Struktur des Systems enthält. Die Qualität der Schlussfolgerungen, die aus Simulationsexperimenten gewonnen werden, hängt davon ab, wie gut das Modell die Realität repräsentiert, ob sich also die Schlussfolgerungen, die am Modell gewonnen wurden, auf die Wirklichkeit übertragen lassen. Modelle sind stets eine Abstraktion. Das viel zitierte Beispiel der Landkarte, die eine Landschaft in reduzierter und stilisierter Form abbildet, verweist darauf, dass ein Modell gerade deswegen hilfreich sein kann, weil es sich auf das Wesentliche konzentriert und auf unnötige Details verzichtet.[24]

Ein Gütekriterium agentenbasierter Modelle besteht darin, ob es ihnen gelingt, reale Prozesse zu reproduzieren. Voraussetzung dafür ist, dass man die basalen Mechanismen herausgefunden hat, die die Dynamik komplexer Realsysteme erklären können. Wenn man es schafft, reale Systeme am Computer so nachzubauen, dass das Verhalten künstlicher Systeme dem realer Systeme entspricht, hat man offenbar die Mechanismen verstanden, die Systemdynamik produzieren. Anders als etwa die soziologische Systemtheorie sucht man diese basalen Mechanismen jedoch nicht auf der Makroebene der gesellschaftlichen Strukturen, sondern auf der Mikroebene des Handelns von Akteuren beziehungsweise Agenten.[25]

Erkundungen der Echtzeitgesellschaft

Die mobile Echtzeitgesellschaft, deren Entstehung wir momentan erleben, ist von smarten, digitalen, vernetzten Geräten durchzogen. Sie zeichnet sich durch eine enorme Verdichtung sämtlicher Prozesse aus, die zunehmend von Algorithmen gesteuert werden. Diese Entwicklung ist mit erheblichen Unsicherheiten und Risiken verbunden. Die Techniksoziologie betrachtet die Genese der Echtzeitgesellschaft als einen sozialen Prozess, in dem neue fundamentale Technologien entstehen, die erheblichen sozialen Wandel mit sich bringen. Das wirft Fragen nach der Beherrschbarkeit und Gestaltbarkeit der Echtzeitgesellschaft auf. Wenn die Soziologie einen Beitrag dazu leisten will, den Prozess der digitalen Transformation zu studieren und dessen gesellschaftliche Auswirkungen zu analysieren, kann sie auf ein bewährtes Repertoire an Theorien, Konzepten und Methoden zurückgreifen. Sie kommt aber nicht umhin, sich auch neuen Methoden zu öffnen. Dieses Buch versteht sich daher auch als Plädoyer für die agentenbasierte Modellierung und Simulation soziotechnischer Systeme, da nur diese Methode es erlaubt, in die Zukunft zu schauen, also alternative Szenarien durchzuspielen und deren Folgen für Mensch und Gesellschaft zu studieren.

Die agentenbasierte Modellierung und Simulation wird in den folgenden Kapiteln daher mehrfach verwendet, um die Entwicklung der Echtzeitgesellschaft experimentell zu untersuchen. In Kapitel 3 werden Simulationsexperimente mit dem Simulator SimHybS vorgestellt, in denen es um die Interaktion von Mensch und autonomer Technik geht. Kapitel 4 präsentiert Experimente zum Risikomanagement in Organisationen, die mit dem Simulator SUMO-S durchgeführt wurden. In einer Verkehrssimulation wurde untersucht, mit welchen steuernden Eingriffen Verkehrsstaus wirkungsvoll bewältigt werden können.

Der Simulator SimCo schließlich, der in Kapitel 5 eingeführt wird, eignet sich, um Optionen einer Transformation komplexer soziotechnischer Systeme, etwa im Sinne der Verkehrs- oder Energiewende, zu untersuchen. Auf diese Weise kann man Was-wäre-wenn-Szenarien durchspielen und analysieren, welche Wirkungen steuernde Eingriffe in derartige Systeme haben.

Die agentenbasierte Modellierung und Simulation ermöglicht es also, einige Facetten der Echtzeitgesellschaft der Zukunft in virtuellen Szenarien im Computer abzubilden und so politische Strategien der Zukunftsgestaltung mithilfe von Simulationsexperimenten auf den Prüfstand zu stellen. Eine derart verstandene Soziologie der Echtzeitgesellschaft bleibt nicht bei der Diagnose von Beschleunigung stehen, wie Hartmut Rosa es tut, sondern sucht auf unterschiedlichen Wegen nach Optionen eines Risikomanagements beziehungsweise einer politischen Gestaltung soziotechnischer Systeme.

3. Mensch und Technik im Echtzeitmodus

Die Durchdringung des privaten Alltags mit einer Vielzahl digitaler Geräte hat dazu geführt, dass in nahezu allen Bereichen digitale Interaktionen getätigt werden. Dabei werden große Mengen Daten generiert, die Rückschlüsse auf das Verhalten einzelner Individuen zulassen. Digitale Daten fallen darüber hinaus auf sozialen Netzwerkplattformen an, wo Anbieter wie Facebook und Instagram Daten erfassen, die ebenfalls auf individuelle Eigenschaften, Präferenzen und Beziehungsnetzwerke schließen lassen. Sie werden für Werbezwecke genutzt, aber auch mit Dritten gehandelt. Beim Onlineshopping hinterlassen Nutzer Daten, die von Anbietern verwendet werden, um individuelle Kaufmuster zu erstellen, aus der personen- und standortbezogene Werbung entsteht. Der Nutzer wird so zum gläsernen Kunden.[1]

Die Digitalisierung des Alltags

Das intelligente Auto der Zukunft kommuniziert mit anderen Verkehrsteilnehmern (Car2Car), den Verkehrsleitzentralen, Herstellern und Versicherern. Es übermittelt dabei Daten über den Zustand von Straße und Fahrzeug, aber auch über den Fahrstil des Fahrers beziehungsweise der Fahrerin. So ist es möglich, personalisierte Versicherungstarife anzubieten, Werkstattaufenthalte besser zu planen, aber auch Routen effizient und möglichst intermodal zu gestalten.[2]

Das smarte Haus der Zukunft verfügt über Sensoren zur Steuerung von Heizung, Beleuchtung oder Haushaltsgeräten, die miteinander und mit der Außenwelt vernetzt sind. Das soll den Komfort und die Sicherheit steigern, öffnet aber auch die Privatsphäre für Dritte, zum Beispiel für Anbieter von Dienstleistungen in den Bereichen Handwerk, Gesundheit oder Pflege. Zukunftsszenarien einer intelligenten Netzsteuerung sehen zudem vor, dass über neuartige Stromzähler (»smart meter«) das Energieverbrauchsverhalten gemessen wird, damit der Stromanbieter auch in kritischen Situationen ein effizientes Netzmanagement betreiben kann.[3]

Das Smartphone hat bei dieser umfassenden Datafizierung des sozialen Lebens eine entscheidende Rolle gespielt. Der »Spion in der Hosentasche«[4] hat sich nicht nur zum Wegweiser durch das mobile Internet (wie auch die Realwelt) entwickelt, sondern sammelt zugleich Daten über das individuelle Verhalten in nie dagewesener Menge und Qualität und übermittelt diese an Dritte. Zudem fungiert das Smartphone als das Endgerät, über das die Nutzer gesteuert werden: »beweg dich mehr«, »bieg links ab«, »nimm deine Tablette« usw. Wearables schließlich sind am Körper getragene Geräte wie etwa Smartwatches, oder Fitnessarmbänder, die Körperdaten (Puls), Verhaltensdaten (Schrittzahl) sowie Gewohnheiten (Schlafrhythmus) vermessen und damit erstmals auch eine Datafizierung der körperlichen Gesundheit und Fitness möglich machen. Dies ist insofern bemerkenswert, als die Nutzer sich mit dieser Form der Selbstvermessung aktiv und bewusst an der Produktion sensibler Daten beteiligen.[5]

Das Big-Data-Prozessmodell

Um zu verstehen, was mit all diesen Daten geschieht, haben wir das Big-Data-Prozessmodell entwickelt, das im Wesentlichen aus drei Schritten besteht: Datengenerierung, Datenauswertung und Steuerung des Verhaltens von Menschen oder Maschinen (vgl. Abbildung 1).[6]

Dieser dreistufige Prozess ist in einen soziokulturellen Kontext eingebettet, der nicht nur die politische Dimension von Big Data, sondern auch den institutionellen Rahmen staatlich-regulativen Handelns umfasst. Zudem sei unterstellt, dass mit Big Data Chancen, aber auch Risiken einhergehen – für einzelne Unternehmen, Privatpersonen, aber

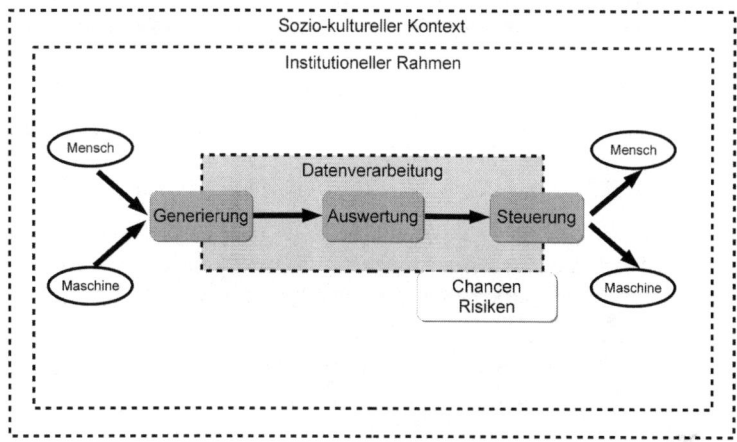

Abbildung 1: Big-Data-Prozessmodell (Quelle: Weyer u. a. 2018, S. 74)

auch für die Ökonomie beziehungsweise die Gesellschaft. Das Prozessmodell ist als eine sich wiederholende Sequenz gedacht: Der Output, also das Verhalten von Mensch und/oder Maschine, wird wiederum zum Input für den nächsten Zyklus der Datenverarbeitung.

Am Beginn des Prozesses steht die *Datengenerierung* durch Menschen oder Maschinen, etwa in Form von Bewertungen, die Nutzer von Onlineplattformen abgeben, beziehungsweise von Diagnosedaten, die Flugzeuge oder Fahrzeuge automatisch an die Servicezentrale senden. Diese Daten fallen in bislang kaum vorstellbaren Mengen an (»volume«), stammen aus unterschiedlichsten Quellen wie Texten, Bildern, Videos etc. (»variety«) und werden in hoher Geschwindigkeit – oftmals im Moment des Ereignisses – generiert und übertragen (»velocity«). Deshalb spricht man häufig von den drei V's als Charakteristikum von Big Data.[7]

Auch der private Bereich ist mittlerweile von einer gigantischen Welle der Selbstvermessung erfasst. Ernährungs- oder Fitness-Apps registrieren Vitaldaten, Ernährungsgewohnheiten, sportliche Aktivitäten etc. Routenplaner für das Auto oder das Fahrrad senden permanent Positionsdaten an Datendienstleister. In ähnlicher Weise sind die smarten Maschinen im Szenario »Industrie 4.0« Knoten im gigantischen Datennetz, das große Datenmengen von Menschen und Maschinen übermittelt, und zwar in Echtzeit.[8] Schließlich fallen im Bereich der öffentlichen Verwaltung, die sich zum »smart government« wandelt, immer mehr Daten an.

Vergleicht man traditionelle Verfahren der Datenerhebung in der empirischen Sozialforschung oder im Marketing mit den neuartigen Verfahren der Selbstdiagnose und Selbstortung durch Smartphones, Smartwatches und andere Begleiter des Alltags, so wird die neue Qualität der Echtzeitgesellschaft erkennbar. Eine fragebogengestützte Erhebung von Einstellungen, Verhaltensgewohnheiten oder Kaufabsichten war eine langwierige Prozedur, die nur mit einem gewissen Zeitverzug Ergebnisse lieferte. Zudem lagen die Rücklaufquoten oftmals nur im einstelligen Prozentbereich. Das Problem der subjektiven Verzerrung der Antworten ließ sich zudem nur schwer bewältigen, was die Validität der Schlussfolgerungen beeinträchtigte.[9]

Die Datengenerierung durch smarte Geräte bringt demgegenüber eine neue Qualität mit sich. Hier fallen nichtresponsive Verhaltensdaten an, die das reale Verhalten von Personen widerspiegeln und nicht durch subjektive Voreingenommenheiten (»bias«) gefärbt sind.[10] Kann ein Befragter bei der Frage mogeln, ob er gelegentlich das Geschwindigkeitslimit ignoriert, so ist dies bei Daten nicht mehr möglich, die das Smartphone oder das smarte Auto per Sensorik erfasst und über Mobilfunknetze automatisch an den Provider übermittelt. Zudem werden auf diese Weise nicht mehr bloß Stichproben gezogen, sondern tendenziell die Gesamtheit aller Daten und damit nahezu vollständige Samples erfasst – der Traum eines jedes Sozialforschers oder Marketingexperten. Allerdings stellt sich die Frage nach der Verlässlichkeit und der Vertrauenswürdigkeit der Daten. Wenn ein Nutzer sein Smartphone nicht mit ins Fitnessstudio nimmt, weil es dort gestohlen werden könnte, oder seine Smartwatch im Schleudergang der Waschmaschine auf Touren bring, stellt sich die Frage, wie aussagekräftig die persönlichen Daten sind, wenn sie beispielsweise an Krankenkassen übermittelt werden. Noch ist dies Zukunftsmusik, aber Konzepte für individualisierte Gesundheitstarife liegen bereits vor.

Der zweite Schritt ist die *Datenauswertung*, die im Zeitalter von Big Data weitgehend maschinell geschieht. Dabei kommen sowohl traditionelle Methoden der Statistik und der Netzwerkanalyse als auch innovative Techniken der Echtzeitdatenverarbeitung zum Einsatz. Moderne

Verfahren des maschinellen Lernens ermöglichen es, große Datensätze in hoher Geschwindigkeit oder in Echtzeit zu verarbeiten, selbst wenn die Daten aus sehr unterschiedlichen Quellen stammen.[11] Auf diese Weise können Verhaltensregelmäßigkeiten und Muster in den Daten erkannt werden, wie Nathan Eagle und Alex Pentland bereits 2006 mithilfe eines Experiments gezeigt haben. Einhundert freiwillige Studierende und Mitarbeiter des MIT wurden mit bluetoothfähigen Handys ausgestattet. Deren Begegnungen mit fest installierten Geräten beziehungsweise den Handys der anderen Probanden wurden ein halbes Jahr lang aufgezeichnet. Auf Basis dieser Daten konnten die Forscher zum einen individuelle Verhaltensmuster erkennen: Personen mit hohen Anteilen von Routinetätigkeiten (»low entropy«) ließen sich von solchen mit eher chaotischen oder anderweitig auffälligen Tagesstrukturen (»high entropy«) unterscheiden. Darüber hinaus konnten sie auch das kollektive Verhalten von Gruppen und damit die Strukturen komplexer Sozialsysteme identifizieren. Dabei kamen bewährte Verfahren der Netzwerkanalyse wie beispielsweise Proximitätsmaße zum Einsatz. Erstsemester hatten andere, weniger gefestigte soziale Netzwerke als wissenschaftliche Mitarbeiter, die bereits länger am MIT tätig waren. Das ist zwar wenig überraschend, aber es konnte gezeigt werden, dass diese Persönlichkeits- und Beziehungsmuster sich allein aus den Orts- und Bewegungsdaten ermitteln lassen, welche die mobilen Geräte der beteiligten Probanden generiert hatten.[12]

Die Community des »data mining« ist noch uneins, welche Verfahren und Methoden beim »reality mining« zum Einsatz kommen. Jeremy Ginsberg und seine Kollegen waren mit der aufsehenerregenden These an die Öffentlichkeit getreten, dass sie auf Basis von Daten der Suchmaschine Google den Verlauf von Grippeepidemien genauer beschreiben und den weiteren Verlauf früher vorhersagen könnten als die staatliche Gesundheitsbehörde. Letztere verwendete konventionelle Verfahren der Datensammlung und -auswertung und hatte so stets einen gewissen zeitlichen Rückstand. Unter dem Namen Google Flu Trends wurden Prognosen für etliche Länder angeboten, bis der Dienst 2014 eingestellt wurde.[13]

David Lazer und seine Kollegen hatten nämlich den Nachweis geführt, dass Google Flu Trends regelmäßig Fehlprognosen abgegeben hatte. Zudem hatte dieser Dienst einige Grippewellen übersehen und sogar schlechtere Prognosen generiert als die staatliche Gesundheitsbehörde. Lazer wirft Google eine maßlose Selbstüberschätzung vor, vor allem aber eine systematische Vernachlässigung der Grundregeln traditioneller Statistik, was die vollmundigen Versprechungen, Big Data könne die bewährten wissenschaftlichen Methoden und Verfahren ablösen, in einem etwas anderen Licht erscheinen lässt.[14]

Es lohnt sich, die Kritik von Lazer und Kollegen genauer zu betrachten: Ein zentraler Punkt ist, dass sich die Analysen nicht replizieren lassen, da Google weder die Daten noch die Algorithmen veröffentlicht. Zudem leide die Qualität der Daten unter den permanenten Veränderungen des Suchalgorithmus, die das Unternehmen in sehr kurzen Abständen vornimmt, um sich gegenüber Wettbewerbern zu profilieren. Das mache es nahezu unmöglich, Googles Analysen nachzuvollziehen. Neben dieser internen Dynamik könnten zudem gezielte Manipulationen der Suchmaschine zu einer Verzerrung beitragen – ganz zu schweigen von Googles eigenen kommerziellen Interessen, die zu einer schwer nachweisbaren Beeinflussung der Suchergebnisse beitragen können.[15]

Ungeachtet einer Vielzahl noch offener methodisch-konzeptioneller Fragen treten Verfechter von Big Data mit Visionen und Utopien auf den Plan, die von einem enormen Fortschrittsoptimismus geprägt sind. Ihnen geht es darum, die Welt nicht nur zu beschreiben und zu verstehen, sondern sie zu verändern und zu verbessern, und zwar durch steuernde Eingriffe in das menschliche Verhalten, die sozialen Interaktionen sowie die sozialen Strukturen.[16]

Der dritte und letzte Schritt ist daher die *Echtzeitsteuerung*. Die Techniken und Verfahren des »data mining« basieren auf dem Dreischritt von Beschreiben, Vorhersagen und Verändern. Zunächst werden Muster und Trends in großen Datensets identifiziert, um auf dieser Basis ein aktuelles Lagebild zu generieren, aber auch Prognosen und Abschätzungen künftiger Ereignisse abgeben zu können. Diese sind dann die Grundlage für gezielte Eingriffe, mit deren Hilfe das Verhalten einzelner Individuen oder ganzer Kollektive in die gewünschte Richtung gesteuert beziehungsweise unerwünschtes Verhalten verhindert werden soll. Beispiele sind Hinweise von Wetter- oder Gesundheits-Apps, aber auch gezielte Warnungen bei Verkehrsstörungen oder Katastrophen.[17]

Die Echtzeitgesellschaft bringt also eine neue Qualität der Steuerung komplexer soziotechnischer Systeme mit sich. Zweifelsohne wurden auch in früheren Zeiten Daten dazu genutzt, Wissen zu generieren, das zur Steuerung sozialer Systeme oder ganzer Gesellschaften verwendet werden konnte. Man denke etwa an die periodischen Volkszählungen. Aber diese Verfahren waren sehr langwierig, und die Analysen waren zum Zeitpunkt ihrer Veröffentlichung oftmals bereits veraltet. Die Echtzeitgesellschaft eröffnet Potenziale, die weit über die traditioneller Verfahren hinausgehen.

Vertrauen in der Echtzeitgesellschaft

Die Echtzeitgesellschaft ist darauf angewiesen, dass ein Mindestmaß an Vertrauen zwischen den beteiligten Akteuren existiert. Allein die technische Digitalisierung sämtlicher Prozesse reicht nicht aus, damit Wirtschaft und Gesellschaft im digitalen Zeitalter funktionieren. Vertrauen ist der »Kitt moderner Gesellschaften«,[18] ohne den auch die Industriegesellschaft nicht hätte funktionieren können. Wie wichtig das Vertrauen der Kunden in die Güte und Qualität von Waren und umgekehrt das Vertrauen der Händler in die Bonität des Kunden ist, stellt man fest, wenn man institutionell gefestigte Marktwirtschaften mit Schwarzmärkten beziehungsweise Wirtschaften in »failed states« vergleicht. Dadurch wird zudem evident, dass neben dem Vertrauen der Marktakteure ineinander auch das Vertrauen in eine dritte Instanz, den institutionellen Rechtsrahmen, eine wichtige Rolle spielt, an den man sich in Konfliktfällen wenden kann.

Analog spielt auch in der Echtzeitgesellschaft Vertrauen in vielerlei Hinsicht eine zentrale Rolle. Denn der Nutzer muss darauf vertrauen, dass der Provider mit seinen Daten verantwortungsvoll umgeht; ansonsten könnte seine Bereitschaft versiegen, weiterhin Daten zur Verfügung zu stellen. Zudem muss er dem institutionellen Rahmen vertrauen, beispielsweise derart, dass das Rechtssystem Regelungen zum Schutz der Privatsphäre vorhält und bei Bedarf auch durchsetzt. Da der Staat und das Rechtssystem nicht in der Lage sind, sämtliche Abläufe großer Datendienstleister kleinschrittig zu kontrollieren, ist auch hier Vertrauen unerlässlich, und zwar als Teil eines mehrstufigen Regulierungsregimes.

Umgekehrt müssen die Provider auch den Nutzern trauen. Wenn die bereitgestellten Daten nicht verlässlich, sondern unvollständig oder manipuliert sind, kann das die Analysen verfälschen und zu falschen Schlussfolgerungen verleiten. Schließlich basiert die Bereitschaft der Nutzer, den Empfehlungen großer Datendienstleister zu folgen, auf dem Vertrauen, dass deren Hinweise hilfreich und nützlich sind, um ihre persönlichen Interessen zu befriedigen. Auch die Echtzeitgesellschaft baut demnach auf einem komplexen Geflecht von Vertrauensbeziehungen auf.

Die Digitalisierung des privaten Alltags ist kein rein technischer Prozess. Er wird begleitet von der Entwicklung der sozialen Dimensionen von Technik sowie des erforderlichen institutionellen Gefüges. Insbesondere der Aspekt des Vertrauens verweist auf Fragen der Technikakzeptanz, die im nächsten Abschnitt behandelt werden.

Akzeptanz neuer Technik

Wenn neue, digitale Technik immer stärker in die Gesellschaft und vor allem in den privaten Alltag eindringt, stellt sich die Frage nach der Technikakzeptanz, also nach der Einstellung von Menschen zu neuer Technik und deren Bereitschaft, sie zu nutzen. Immer wieder ist die Klage von der Technikfeindlichkeit zu hören, die besonders in Deutschland herrsche. Empirisch lässt sich dies aber nicht nachweisen. Auch die Tatsache, dass Smartphones und andere technische Geräte der Unterhaltungselektronik weitverbreitet sind, lässt Zweifel daran aufkommen, dass die Deutschen generell technikfeindlich sind. Offenbar stoßen manche moderne Technologien auf eine große Akzeptanz, während andere Widerstand provozieren und gesellschaftliche Kontroversen auslösen.[19]

Es lohnt daher, einen Blick in die Daten des Eurobarometers zu werfen, das seit 1991 im Auftrag der Europäischen Kommission regelmäßig die Einstellungen der Europäer zu Wissenschaft und Technik erhebt,

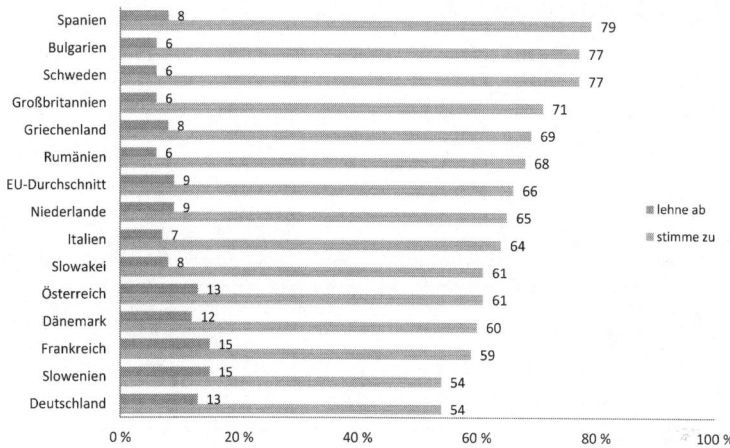

Abbildung 2: Einstellungen der Europäer zu Wissenschaft und Technik (ausgewählte Länder, Quelle: Eurobarometer 2013, S. 81, T21)

zuletzt im Jahr 2013. Der Frage, ob Wissenschaft und Technologie unser Leben gesünder, leichter und bequemer machen, stimmten im EU-Durchschnitt zwei Drittel der Befragten (66 Prozent) zu, nur 9 Prozent lehnten diese Aussage komplett ab, wie Abbildung 2 zeigt. Die Zustimmung war gegenüber der vorherigen Befragung im Jahr 2010 unverändert, die Ablehnung hatte sich sogar um drei Prozentpunkte von 12 auf 9 Prozent verringert.[20]

Auffällig ist, dass insbesondere in Spanien, Schweden und Bulgarien die Zustimmung mit 70 und mehr Prozent deutlich über dem Durchschnitt liegt, während Deutschland gemeinsam mit Slowenien und Frankreich mit Werten unter 60 Prozent das Schlusslicht bildet. Im Fall Deutschlands fallen die Veränderungen gegenüber 2010 auf, die bei der Zustimmung minus drei Prozentpunkte (auf jetzt 54 Prozent) und bei der Ablehnung minus einen Prozentpunkt (auf jetzt 13 Prozent) betragen. Ein klares Muster – etwa in Bezug auf den technologischen oder wirtschaftlichen Entwicklungsstand oder die geografische Lage – ist in diesen Zahlen allerdings nicht zu erkennen.

Obwohl Deutschland im europäischen Vergleich das skeptischste Land ist, steht eine knappe Mehrheit der Deutschen der Wissenschaft und der Technik positiv gegenüber und verbindet mit dem technologischen Fortschritt die Erwartung, dass sich das Leben verbessert. Vergleicht man allerdings die Ergebnisse der Jahre 2010 und 2013 mit denen der Eurobarometer-Studie von 2005, so fällt auf, dass die Zustimmung der Europäer in den Jahren 2005 bis 2010 von 78 Prozent auf 66 Prozent deutlich gesunken und die Ablehnung von 6 auf 12 Prozent gestiegen ist. Im Fall Deutschlands war diese Entwicklung noch krasser, denn der Spitzenwert von 86 Prozent Zustimmung im Jahr 2005 hat sich auf 57 Prozent im Jahr 2010 und noch einmal auf 54 Prozent im Jahr 2013 reduziert. Offenbar hat in der Folge der Finanzkrise 2008, die erhebliche Verwerfungen der globalen Wirtschaft mit sich brachte, die europäische, vor allem aber die deutsche Bevölkerung eine skeptischere Haltung gegenüber Wissenschaft und Technik eingenommen.[21]

Bei anderen Fragen, mit denen die Einstellungen der Europäer detaillierter untersucht wurden, zeigt sich allerdings ein differenzierteres Bild. Die Frage, ob Wissenschaft und Technik den zukünftigen Generationen mehr Möglichkeiten geben, bejahten 75 Prozent der Europäer (unverändert gegenüber 2010), aber sogar 80 Prozent der Deutschen. Ein ähnliches Bild ergibt sich bei der Frage nach dem positiven Einfluss von Wissenschaft und Technik auf die Gesellschaft mit Werten von 77 Prozent für Europa und 76 Prozent für Deutschland.[22]

Bei der Frage, ob die Geschwindigkeit des technischen Wandels zu hoch sei, liegen die Deutschen mit 53 Prozent (plus 6 gegenüber 2010) jedoch klar unter dem EU-Durchschnitt von 62 Prozent (plus 4) und signalisieren damit eine deutlich gelassenere Haltung als Bürger ost- und südosteuropäischer Staaten, die Werte bis 93 Prozent (Zypern) erreichen. Auch liegen die Werte für mögliche negative Nebenwirkungen von Wissenschaft und Technik im Fall Deutschlands mit 80 Prozent über dem EU-Durchschnitt von 74 Prozent, aber deutlich entfernt von Spitzenreitern wie Zypern (90 Prozent), Luxemburg und Schweden (beide 88 Prozent).[23]

Diese Zahlen bieten also keinerlei Belege für eine übermäßige Technikskepsis der Deutschen. Die Europäer wie auch die Deutschen haben, so zeigt es die Eurobarometer-Studie, ein rundweg positives, aber differenziertes Bild von Wissenschaft und Technik.

Um zu verstehen, warum immer wieder der Eindruck einer deutschen Technikfeindlichkeit entsteht, muss man zwischen unterschiedlichen Technologiefeldern differenzieren. Eine ältere Eurobarometer-Studie »Europeans and biotechnology in 2010. Winds of change?«, die seitdem nicht repliziert wurde, listet auf, ob die Befragten acht kontrovers diskutierten Technologien einen positiven oder einen negativen Effekt auf unser Leben in zwanzig Jahren zuschreiben (vgl. Abbildung 3).[24]

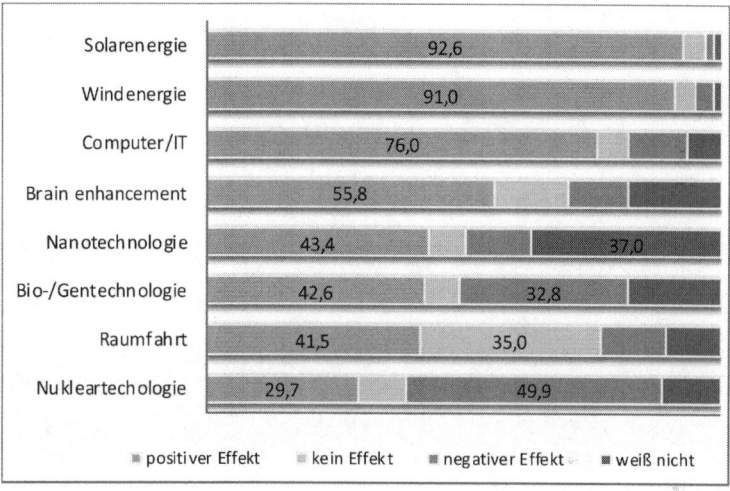

Abbildung 3: Einstellung der Deutschen zu acht kontroversen Technologien (Quelle: Gaskell 2010, S. 16, 132–133)

Die aggregierten Werte, welche die Autoren als einen groben Indikator für Technikoptimismus beziehungsweise -pessimismus betrachten, sind unspektakulär: Hier liegt Deutschland mit einem Wert von 4,7 von acht Technologien dicht am europäischen Durchschnitt von 4,9. Der Vergleich der Zustimmungswerte für die acht Technologien zeigt jedoch eindrücklich, dass die Deutschen der Solar- und Windenergie sowie der Computer- und IT-Technik sehr positiv gegenüberstehen, die Kernkraft und die Bio-/Gentechnologie hingegen kritischer betrachten – womit sie vom europäischen Durchschnitt deutlich abweichen.

Auch eigene Studien zur Akzeptanz der Chemieindustrie und ihrer Produkte belegen, dass es wenig Sinn ergibt, pauschal von Technikakzeptanz oder Technikskepsis zu sprechen. Vielmehr sollte man technologie- und branchenspezifische Aussagen treffen. Alltagstechnologien wie das Smartphone, die leicht zu bedienen sind und einen großen individuellen Nutzen haben, stoßen trotz bekannter Risiken auf eine höhere Akzeptanz als Technologien wie die Kernkraft oder die Gentechnik. Deren Nutzen erschließt sich für einzelne Verbraucher nur schwer und bringt unbekannte und für Laien kaum abschätzbare Risiken mit sich.[25]

Autonome Systeme

Die zitierten Akzeptanz-Studien bezogen sich im Wesentlichen auf konventionelle Technik. Im Zuge der Digitalisierung sind wir jedoch zunehmend mit avancierter, zum Teil sogar autonomer Technik konfrontiert. Auch hierzu gibt es aktuelle Daten, und zwar in Form einer Eurobarometer-Studie aus dem Jahr 2015. Sie belegt, dass die Europäer eine grundsätzlich positive Einstellung gegenüber Robotern haben, die sich allerdings seit 2012 von 70 auf 64 Prozent verringert hat. Deutschland liegt hier mit 66 Prozent (minus 3) knapp über dem Durchschnitt. Die Bereitschaft, Roboter bei der Arbeit (48 Prozent), in der Erziehung (41 Prozent), in der Altenpflege (29 Prozent) oder bei medizinischen Operationen (25 Prozent) zu akzeptieren, liegt aber europaweit deutlich unter der 50-Prozent-Marke.[26]

Autonome Autos würde nur ein Drittel (35 Prozent) gerne nutzen; zivile Drohnen sehen zwei Drittel (66 Prozent) als eine Gefahr für die Privatsphäre. Bei diesen Angaben muss allerdings berücksichtigt werden, dass nur ein Siebtel der Befragten (14 Prozent) Robotern bei der Arbeit oder im Haushalt bereits begegnet ist.[27] Befragungen stoßen im Fall neuer, noch nicht breit eingeführter Technik an ihre Grenzen, da sie die Einstellungen von Personen erheben, die überwiegend keinerlei Erfahrung im Umgang mit autonomen Systemen haben und oftmals dazu tendieren, lediglich ihre Ängste und Befürchtungen zu artikulieren. Über die

Einstellungen, die sich aus dem *realen* Umgang von Menschen mit autonomer Technik ergeben, sagen derartige Befragungen nichts aus.

Deshalb werden wir im Folgenden Verfahren und Methoden beschreiben, mit denen man die reale Interaktion von Menschen und autonomer Technik erforschen kann. Zunächst soll aber die Frage gestellt werden, was autonome technische Systeme kennzeichnet, denn in einer zunehmend digitalen Welt werden wir immer häufiger derartigen Systemen begegnen, sei es als Haushaltsroboter, als Serviceroboter, als Industrieroboter oder als Autopilot von Fahrzeugen, mit denen wir uns vorwärtsbewegen.

Unter Autonomie soll die Fähigkeit eines menschlichen Akteurs oder eines technischen Agenten verstanden werden, eigenständig Entscheidungen zu treffen, also nicht nur Routinen abzuspulen, die eine andere Person programmiert hat. Der Begriff Autonomie bezieht sich also auf die Fähigkeit, sich der Kontrolle durch eine andere Instanz zu entziehen.[28] Eine derartige Kontrolle kann durch Personen ausgeübt werden, etwa in Form hierarchischer Beziehungen, die ein Befehl-Gehorsam-Verhältnis beinhalten. Sie kann aber auch durch Technik vermittelt werden, beispielsweise durch eine Software, die verhindert, dass man bei Regen oder Sturm die Fenster öffnen kann.

Autonomie im Sinne der Fähigkeit zur Selbststeuerung macht sich insbesondere in zuvor unbekannten Situationen bemerkbar, die durch die Fremdprogrammierung nicht abgedeckt sind, sondern eine flexible Anpassung an die gegebene Situation beziehungsweise einen kreativen Umgang mit dem Unerwarteten verlangen. Autonome Akteure zeigen dann unter Umständen spontan ein nicht vorhersehbares Verhalten. Gerade dieser Punkt macht allerdings auch klar, dass Autonomie ein Resultat von Zuschreibungen durch andere Akteure ist.

Auf den ersten Blick erscheint es somit widersinnig, von autonomer Technik zu reden, denn selbstverständlich werden technische Geräte durch vorprogrammierte Algorithmen gesteuert und haben keine Entscheidungsspielräume im eigentlichen Sinne. Sie können nur im Rahmen dessen agieren, was menschliche Programmierer in sie eingeschrieben haben. Eine Paketdrohne kann sich nicht entscheiden, ein Türöffner in einem Hotel zu sein; der Postbote hingegen könnte diesen Rollenwechsel zum Portier problemlos vollziehen. Den Zustand der »idealen

Autonomie«, in dem der handelnde Agent seine Ziele selbst definiert und sich moralisch selbst bestimmt, wird Technik also nie erreichen können.[29] Trotzdem tut Technik mehr, als mechanisch auf die Befehle menschlicher Operateure zu reagieren, wenn sie selbsttätig Aktionen ausführt wie beispielsweise das Filtern von Spammails oder das Steuern von Flugzeugen.

Avancierte Technik besitzt also offenbar innerhalb des Rahmens, der durch die Programmierung gesetzt ist, erstaunliche Freiheitsgrade, die mehr beinhalten als ein bloßes schematisches, technisches Funktionieren nach dem Muster: wenn A, dann B. Autonome Technik kann sich unter Umständen auch für C entscheiden. So wird ihr »Handeln« dem menschlichen Handeln immer ähnlicher.

Avancierte Technik operiert nicht auf Basis vorgefertigter Pläne, die für jede Situation die passende Lösung parat haben. Sie verfügt vielmehr über »künstliche Intelligenz«, die Fähigkeit, eigenständig situationsadäquate Lösungen zu generieren. Moderne technische Geräte sind kontext-sensitiv. Sie verfügen über eine Vielzahl von Sensoren, mit denen sie Informationen aus der Umwelt aufnehmen und bei der Entscheidungsfindung verarbeiten. Sie lernen durch Erfahrung und entwickeln so ein erstaunlich komplexes Verhalten. Avancierte Technik hat zudem reichlich Rechenleistung und kann daher eine Vielzahl von Optionen durchspielen, um schließlich die passende Alternative zu wählen.[30]

Obwohl im technischen Sinne rein deterministisch, wirkt autonome Technik damit auf den menschlichen Betrachter, als ob sie Intentionen hätte und in der Lage wäre, Entscheidungen in einer Weise zu treffen, wie sie bislang dem Menschen vorbehalten war. Ein Bremsassistent im Auto »will« einen Unfall vermeiden und »entscheidet« daher in einer brenzligen Situation, die Bremse mit voller Kraft zu betätigen, bevor die Fahrerin oder der Fahrer es (in der Regel viel zu zaghaft) tut.

Ob man dieses Mithandeln der Technik in Anführungszeichen setzen muss oder nicht, ist letztlich Haarspalterei. Denn faktisch trifft autonome Technik in immer mehr Bereichen selbstständig Entscheidungen, die zuvor ausschließlich Menschen getroffen haben. Und die Soziologie hat viel zu lange über die Frage debattiert, *ob* Maschinen handeln können, statt sich damit zu befassen, *wie* das Zusammenspiel von Mensch und autonomer Technik konkret funktioniert.

Statt Fundamentaldebatten über den ontologischen Status von Mensch und Technik (und Dingen und Tieren und der Natur) zu führen, ist es sinnvoll, reale Interaktionsprozesse von Menschen und intelligenten Maschinen zu untersuchen. Dabei kann man Verhaltensweisen beobachten, die darauf schließen lassen, dass Menschen avancierten technischen Geräten in einer Weise begegnen, die sich nicht von ihrem Umgang mit menschlichen Interaktionspartnern unterscheidet. Das CASA-Modell (»Computers As Social Actors«) basiert auf Analysen von Interaktionen in unterschiedlichen Konstellationen (Mensch/Mensch, Mensch/Computer). Es postuliert, dass Menschen in ihrer Interaktion mit Computern »tatsächlich die gleiche Art sozialer Reaktionen zeigen, die sie im Umgang mit Menschen verwenden«.[31] Sie schreiben dabei der Technik ebenfalls Handlungsträgerschaft (»agency«) zu, also die Fähigkeit, etwas Praktisches zu leisten wie das Öffnen einer Tür bei Annäherung einer autorisierten Person. Oder sie schreiben ihr zu, beim menschlichen Gegenüber etwas zu bewirken, etwa die Revision des Vorhabens, an der nächsten Kreuzung links abzubiegen. Zudem sind nichtmenschliche Agenten in der Lage, bei der Planung und Ausführung ihrer Handlungen die Umwelt sowie ihre menschlichen Mitspieler einzubeziehen.

Avancierte Technik begegnet uns also immer stärker als ein autonomer Partner, dem wir die gleiche Handlungsfähigkeit und damit auch die Fähigkeit zu spontanen, nicht vorhersehbaren Handlungen zuschreiben wie anderen menschlichen Akteuren. Das ist, so Werner Rammert und Ingo Schulz-Schaeffer, wichtiger als die Frage nach dem ontologischen Status von Technik.[32]

Unter autonomer Technik seien daher avancierte technische Systeme verstanden, die Operationen auf Basis algorithmischer Programmierung durchführen. Dabei erfüllen sie Funktionen (das Abbremsen eines Autos) auf Basis definierter Ziele (Unfallvermeidung). Bei ihren – oftmals mobilen – Operationen begegnen sie technischen Agenten und menschlichen Akteuren in natürlichen Umgebungen. Sie sind in der Lage, auch in komplexen Situationen eigenständige, situationsadäquate Entscheidungen zu treffen, also sinnvoll unter den verfügbaren Alternativen zu wählen. Dabei passen sie sich an die jeweiligen Gegebenheiten an und stimmen sich mit anderen Agenten beziehungsweise Akteuren ab. Autonome Technik trägt somit verhaltensähnliche Züge und provoziert beim menschlichen Gegenüber soziale Reaktionen. Diese unterscheiden sich nicht von den Reaktionen in der zwischenmenschlichen Interaktion, mit der Folge, dass Menschen autonomer Technik Handlungsträgerschaft zuschreiben.[33]

Diese Definition verdeutlicht nochmals, dass Autonomie keine objektive Gegebenheit ist, sondern von Zuschreibungen abhängt. Zudem fungiert Technik nicht mehr als willfähriges Instrument eines menschlichen Bedieners, das dessen Befehle stur ausführt. Sie entwickelt sich zunehmend zum Interaktionspartner oder Teamplayer in hybriden Konstellationen.

Damit wird zugleich klar, dass wir uns in soziologischer Perspektive nur selten ausschließlich mit autonomer Technik befassen. Zumeist geht es um hybride Systeme, in denen die Handlungsträgerschaft zwischen Mensch und Technik verteilt ist, wobei der Grad und die Reichweite dieser Verteilung variieren können. Der nächste Abschnitt geht der Frage nach, wie man derartige hybride Konstellationen empirisch untersuchen kann.

Simulation 1: Interaktion von Mensch und autonomer Technik

Das Mithandeln von Technik bedeutet für die Soziologie eine große Herausforderung, war sie doch bislang gewohnt, ihre handlungstheoretischen Kategorien und Modelle ausschließlich auf menschliche Akteure anzuwenden und das »Handeln« von Technik durch das Setzen von Anführungszeichen auszugrenzen. Angesichts der fortschreitenden Digitalisierung sämtlicher Bereiche der Gesellschaft benötigt die Soziologie jedoch eine Theorie der Interaktion von Mensch und autonomer Technik. Wie in anderen Disziplinen üblich, sollte diese Theorie dazu beitragen, den Gegenstand in dezidiert *soziologischer* Perspektive zu beschreiben, zu modellieren und zu verstehen. Erst dann wäre die Soziologie in der Lage, praxisrelevante Aussagen über mögliche gesellschaftliche Folgen des Einsatzes und der Nutzung autonomer Technik in der Echtzeitgesellschaft zu treffen.

Wir nehmen Bruno Latours Provokation als Ausgangspunkt, der eine symmetrische Ontologie gefordert hatte, die menschliche Akteure und nichtmenschliche Aktanten als gleichberechtigte Mitspieler auffasst.[34] Die bislang ungelöste Aufgabe besteht allerdings darin, ein theoretisch stimmiges Modell hybrider Akteurkonstellationen zu entwickeln. Dieses müsste beschreiben, wie die Interaktion von Mensch und autonomer Technik konkret funktioniert und wie die Handlungsträgerschaft von Technik empirisch untersucht werden kann.[35] Wir gehen im Folgenden davon aus, dass im Mittelpunkt einer empirischen Studie die Handlungsverteilung zwischen Mensch und Technik in hybriden Systemen sowie die damit verbundenen Prozesse der Zuschreibung von Handlungsträgerschaft stehen sollten.

Unsere Modellierung hybrider Systeme rekurriert auf das Modell soziologischer Erklärung (MSE) von Hartmut Esser, das wir zum Modell soziologischer Erklärung hybrider Systeme (HMSE) erweitert haben.[36] Das essersche MSE beansprucht, emergente Effekte auf der Makroebene sozialer Systeme durch Bezug auf die Handlungen von Akteuren auf der Mikroebene erklären zu können. Esser hatte dabei jedoch ausschließlich Handlungen menschlicher Akteure im Sinn.

Wir erweitern diesen Ansatz für die Analyse hybrider Interaktion, indem wir – ganz im Sinne der latourschen Symmetriethese – auch die nichtmenschlichen Agenten mithilfe handlungstheoretischer Konzepte modellieren. Für menschliche Akteure wie für technische Agenten gilt in unserem Modell gleichermaßen, dass sie aus einer Menge zur Verfügung stehender Handlungsoptionen stets die Aktion mit dem größten *subjektiven* Nutzen wählen – also die Aktion, die dem jeweiligen Entscheider auf Grundlage seiner individuellen Präferenzen in der konkreten Situation am sinnvollsten erscheint.

Um die Interaktion von Mensch und autonomer Technik in kontrollierten Experimenten unter Laborbedingungen untersuchen zu können, haben wir auf Grundlage des HMSE einen Simulator namens SimHybS (Simulation of Hybrid Systems) entwickelt, der ein einfaches Verkehrsszenario auf dem Computerbildschirm darstellt, in dem sich ein Fahrzeug befindet, das von einem menschlichen Probanden und einem Fahrerassistenzsystem gemeinsam gesteuert wird. Weitere »dumme« Fahrzeuge kommen als »Störfaktoren« hinzu.[37] Dieses Vorgehen ermöglicht uns, soziologisches Wissen in das Interaktionsmodell zu integrieren und Versuche durchzuführen, in denen nicht nur die realen Interaktionen, sondern auch die Zuschreibungen beobachtet, aufgezeichnet und analysiert werden können. Das Zusammenspiel von Mensch und Technik wurde in drei Ebenen folgendermaßen implementiert:

Die Handlungslogik der *Mikroebene* wurde für das autonome technische System so konstruiert, dass es rationale Wahlhandlungen trifft, die von der aktuellen Konfiguration des Systems, den eigenen Zielen und Präferenzen sowie der jeweiligen Situation, wie die Sensorik sie wahrnimmt, geprägt sind. Ein Bremsassistent wird demzufolge in einer brenzligen Situation die Entscheidung »Bremsen« treffen und nicht eine andere Aktion, mit der er sich schlechter stellt. Dem menschlichen Probanden haben wir ebenfalls unterstellt, dass er subjektiv rationale Entscheidungen trifft.

Die Handlungen beider Mitspieler erzeugen auf der *Mesoebene* des hybriden Systems einen aggregierten Effekt. Der Bremsassistent etwa warnt, der Fahrer reagiert nicht, das Fahrzeug fährt folglich mit unverminderter Geschwindigkeit weiter. Die beiden Mitspieler generieren also ein Gesamtverhalten des hybriden Systems, das ein außenstehender Betrachter kaum noch in die Teilbeiträge zerlegen kann.

Das hybride System der Mesoebene interagiert dann wiederum mit anderen Fahrzeugen, was aggregierte Effekte auf der *Makroebene* des Systems Straßenverkehr erzeugt wie beispielsweise Verkehrsstaus. Der aktuelle und sich dynamisch verändernde Systemzustand bildet wiederum die Randbedingung der Handlungen in den folgenden Sequenzen, und zwar sowohl des menschlichen Akteurs als auch des nichtmenschlichen Agenten.

SimHybS ermöglicht es, nicht nur die Perspektive der menschlichen Mitspieler zu erfassen (mittels Beobachtung, Befragung etc.), sondern auch die Entscheidungen und die Aktionen der nichtmenschlichen Mitspieler aufzuzeichnen (durch Protokollieren der Daten). Zudem können wir die Zuschreibungen, welche die menschlichen Probanden vornehmen, mit den aufgezeichneten Daten, aber auch mit den softwaretechnisch implementierten Rollenverteilungen abgleichen. Und hier haben die Experimente mit SimHybS die überraschendsten Resultate erzeugt.

Die Probanden wurden instruiert, beim Steuern des Fahrzeugs drei sich partiell widersprechende Ziele zu verfolgen: möglichst viele Runden absolvieren, die Geschwindigkeitsbeschränkung einhalten und Unfälle vermeiden. Jeder Proband musste zudem sieben Versuchsläufe (zu circa zwei Minuten) absolvieren, in denen die Handlungsverteilung zwischen Mensch und Technik unterschiedlich eingestellt war: Im Querführungsmodus übernimmt das Assistenzsystem das Lenken des Fahrzeugs. Im Längsführungsmodus übernimmt das Assistenzsystem die Erhöhung und Verringerung der Geschwindigkeit. Im manuellen Modus greift das Assistenzsystem nicht ein, sondern warnt lediglich. Im Automatikmodus übernimmt das Assistenzsystem alle Aktionen.

Zunächst konnten wir nachweisen, dass die Probanden eine symmetrische Zuschreibung der Handlungsträgerschaft auf Mensch und Technik vornahmen, also bestimmten Aktionsbündeln die gleiche Wertigkeit zuordneten – egal, ob sie selbst oder das Assistenzsystem die Zuständigkeit für dieses Aktionsbündel hatten. Dies ist ein deutlicher Hinweis auf die Gültigkeit der Symmetriethese: Menschliche Akteure sehen ihre nichtmenschlichen Mitspieler als ebenbürtige Partner an und schreiben ihnen Handlungsträgerschaft zu – und zwar in einer symmetrischen Weise.

Ein zweites Ergebnis hat uns überrascht: Wir hatten die Probanden instruiert, dass sie stets alle drei Ziele verfolgen sollten, erhielten aber bei der Befragung, die nach jedem der sieben Versuchsläufe stattfand, extrem unterschiedliche Antworten auf die Frage, welche Ziele das Assistenzsystem verfolgt habe. Offenbar ging ein großer Teil der Versuchspersonen davon aus, dass mit einer Verteilung der Aktionen (Quer-/Längsführung) auch eine Verteilung der Zuständigkeiten für die Verfolgung der Ziele (Runden, Unfälle, Limits) einhergeht. Sie konstruierten also eine Rollenverteilung, in der sie sich der Verfolgung einzelner Ziele, für die sie eigentlich auch zuständig waren, entledigen konnten. Dieser Befund hat gravierende Konsequenzen für die Konstruktion von Mensch-Maschine-Schnittstellen in hochautomatisierten Systemen, muss man doch davon ausgehen, dass sich die mentalen Modelle in den Köpfen der beteiligten Akteure nicht mit der technisch implementierten Rollenverteilung decken.

Unsere Experimente mit SimHybS haben gezeigt, dass es möglich ist, das Zusammenspiel von Mensch und autonomer Technik experimentell zu untersuchen, und zwar auf Basis eines soziologischen Modells und mithilfe der Methode der Computersimulation. Dieser Ansatz gewährt Einblicke in die Funktionsweise hybrider Konstellationen, die mit anderen Methoden nicht gewonnen werden können. Er erlaubt es zudem, die Handlungsverteilung kontrolliert zu variieren und so herauszufinden, welche Auswirkungen dies auf die Funktions- und Leistungsfähigkeit hybrider Systeme hat, mit denen wir in der mobilen Echtzeitgesellschaft vermehrt konfrontiert sein werden.

Vertrauen in Automation

Die Experimente mit SimHybS haben auch gezeigt, wie wichtig es ist, nicht nur die reale Handlungsverteilung zu betrachten, sondern auch die mentalen Modelle in den Köpfen der Menschen, die mit Technik interagieren. Ein wesentlicher mentaler Aspekt ist das Vertrauen, das Menschen der Technik entgegenbringen. Dieser Aspekt ist Gegenstand des folgenden Abschnitts, in dem wir zunächst einen Schritt zurück von autonomen Systemen der 2000er-Jahre zu den automatischen Systemen der 1980er- und 1990er-Jahre machen.

Inwiefern Vertrauen in Automation möglich ist, wurde bereits in zahlreichen Studien untersucht, häufig in Form von Laborexperimenten. Dabei ging es oft um die Frage, warum die Operateure der Automation nicht vertrauen und sie daher unzureichend nutzen (»disuse«) oder aber ihr übermäßig vertrauen und sie daher fehlerhaft nutzen (»misuse«). Übersteigertes Vertrauen (»overtrust«) schlägt sich in einer Vernachlässigung der Überwachungs- und Kontrollaufgaben nieder. In der Folge werden kritische Systemzustände zu spät entdeckt (»automation surprises«) oder fehlerhafte Anweisungen ungeprüft akzeptiert. Die Ursachen übersteigerten Vertrauens verweisen auf eine Ironie der Automation: Je zuverlässiger die Systeme werden, desto weniger Konsequenzen hat eine nachlässige Kontrolle der automatischen Systeme und desto seltener werden die Risiken eines derartigen Verhaltens sichtbar.

Damit wächst aber die Gefahr, dass die Operateure sich in falscher Sicherheit wiegen. Mangelndes Vertrauen hat seine Ursachen hingegen in einer »Unterschätzung der ›wahren‹ Zuverlässigkeit der Automation«. Fehlfunktionen der Automation sowie enttäuschte Erwartungen können zum Zusammenbruch des Vertrauens führen, zumindest wenn der Nutzer nicht versteht, wieso derartige Fehler auftreten konnten.[38]

Diese Problematik spitzt sich bei automatisierten Warnsystemen wie dem Ground Proximity Warning System (GPWS) zu, das Piloten vor gefährlichen Annäherungen des Flugzeugs an den Boden warnt. Derartige Systeme haben eine hohe Sensitivität und können daher Fehlalarme auslösen. Damit dies nicht zum Verlust des Vertrauens führt, ist ein Verständnis der Funktionsweise des Systems unentbehrlich. Ansonsten wird nämlich das Potenzial der Automation nicht genutzt und ein automatisches Warnsystem abgeschaltet, das Leben retten kann. Zuverlässigkeit, Nachvollziehbarkeit und Nützlichkeit sind daher, Dietrich Manzey zufolge, die drei Faktoren, die das Vertrauen in Automation positiv beeinflussen und dazu beitragen, dass sich ein angemessener Vertrauenslevel (»appropriate level of trust«) entwickeln kann.[39]

Gerade angesichts des unaufhörlichen Vordringens autonomer Technik stellt sich jedoch die Frage, ob die erforderliche Transparenz gegeben ist und ob der Mensch noch in der Lage ist, die Entscheidungen autonomer Systeme nachzuvollziehen. Unvollständige und schwer interpretierbare Informationen sowie unklare und schwer bewertbare Handlungsalternativen können die Entscheidungsfindung erschweren. Die Gefahr besteht, dass der menschliche Bediener aus dem Regelkreis fällt (»out-of-the-loop«) und die Kontrolle über das komplexe soziotechnische System zusehends verliert.

Vertrauen in autonome Technik meint die Bereitschaft, Kontrolle über Dinge oder Prozesse zumindest zeitweise abzugeben und sich darauf zu verlassen, dass eine andere Person oder ein technisches Gerät die betreffenden Aufgaben zuverlässig ausführt. Vertrauen ist also mit der Erwartung verbunden, dass diese Delegation von Verantwortung und der damit eingehende Verzicht auf Kontrolle nicht enttäuscht werden.

Vertrauen ist, wie bereits erwähnt, Bestandteil nahezu aller wirtschaftlichen und sozialen Transaktionen. Nur in den allerwenigsten Fällen werden wir in der Lage sein, eine vollständige Kontrolle auszuüben. Beim Fahren eines Autos vertrauen wir darauf, dass der Motor technisch einwandfrei funktioniert und wir lediglich Gas geben müssen. Beim Kauf von Waren vertrauen wir darauf, dass das Produkt die behauptete Qualität hat und seinen Preis wert ist. Diese Beispiele zeigen jedoch, dass Vertrauen nicht nur auf einer dyadischen Beziehung von Treugeber und Treunehmer basiert, sondern auch ein institutionalisiertes Vertrauen in eine dritte Instanz (den TÜV, den Gesetzgeber oder die Rechtsprechung) umfasst.[40]

In vielen Fällen avancierter Technik sind die menschlichen Operateure (Piloten) beziehungsweise die Nutzer von Dienstleistungen (Onlinekäufer) kaum noch in der Lage, eine vollständige Kontrolle auszuüben oder die Kontrolle im Notfall komplett zu übernehmen. Das immer wieder zitierte Beispiel der wenig transparenten Reihung der Suchergebnisse von Suchmaschinen mag hier zur Illustration genügen.[41] Somit stellt sich die Frage, ob das unaufhörliche Vordringen autonomer Technik in nahezu alle Arbeits- und Lebensbereiche nicht notwendigerweise zu einem Gefühl des Kontrollverlustes aufseiten des Menschen führt. Denn die fortschreitende Digitalisierung und Automatisierung steigert die Komplexität und Intransparenz soziotechnischer Systeme in einem Maße, das die Fähigkeit des Menschen zur Kontrolle derartiger Systeme übersteigen könnte.

Das digitalisierte Flugzeug

Die möglichen Folgen der Digitalisierung und Automatisierung kann man besonders gut am Beispiel der Luftfahrt ablesen, die bereits seit einigen Jahrzehnten von diesen Entwicklungen erfasst ist. Getrieben von technikzentrierten Automationsstrategien wurde hier die Mensch-Maschine-Interaktion zunächst sehr einseitig zugunsten der Technik optimiert.

Im Airbus A320, der 1988 auf den Markt kam, werden die Daten, welche die Systeme an Bord des Flugzeugs generieren, zunächst vom Bordcomputer verarbeitet und erst dann dem Piloten in aufbereiteter Form präsentiert. Umgekehrt werden die Steuerbefehle, die der Pilot gibt, vom Bordcomputer zunächst auf ihre Zulässigkeit hin geprüft und erst danach an die Triebwerke, Stellflächen etc. weitergeleitet. Elektronische Steuerungssysteme vermitteln also die Interaktion zwischen dem menschlichen Operateur und dem technischen System. Das erhöht die Sicherheit und den Komfort, kann aber auch eine Quelle neuartiger Risiken sein.

Wie Interviews zeigen, die wir mit Piloten geführt haben, sehen diese sich nicht mehr in der Rolle des Fliegers, sondern des Managers, dessen Aufgabe darin besteht, ein komplexes System zu überwachen. Die Tätigkeit der Systemmanager lässt sich als Gewährleistungs- und Deutungsarbeit beschreiben: Sie *deuten* und interpretieren die Informationen, die auf den verschiedenen Anzeigegeräten erscheinen, und *gewährleisten* durch ihre Maßnahmen einen reibungslosen Ablauf.[42]

Auf diese Weise geraten sie jedoch in eine geradezu paradoxe Situation, denn die Befugnisse der menschlichen Operateure werden immer weiter eingeschränkt. Allerdings wird von ihnen erwartet, dass sie im Störfall eingreifen und rasch eine Lösung finden. In derartigen Krisensituationen sollen sie also über die Kompetenzen verfügen, die sie im Normalfall nicht benötigen und somit auch kaum trainieren können. Der Mensch wird hiermit zum Lückenbüßer und damit zu einer Quelle potenzieller Risiken. Die Strategie der Risikovermeidung durch Automation birgt also ihrerseits neue Risiken. Dieses Problem ist seit Langem bekannt. Lösungen sind jedoch nicht in Sicht, werden aber umso dringender benötigt, je mehr Systeme auch außerhalb der Pionierbranche Luftfahrt in Zukunft im Echtzeitmodus operieren werden.

Das Gefühl eines Kontrollverlusts kann entstehen, wenn dem Bediener die gewohnten Eingriffsmöglichkeiten nicht mehr zur Verfügung stehen und/oder er das System nicht mehr hinreichend versteht, um von Eingriffsmöglichkeiten sinnvoll Gebrauch machen zu können. Das vielfach zitierte Unglück eines Lufthansa-Airbus in Warschau im Jahr 1993 illustriert diesen Sachverhalt: Es war den Piloten unmöglich, das Flugzeug auf gewohnte Weise abzubremsen, weil Airbus einen automatischen Sicherheitsmechanismus eingebaut hatte, der verhinderte, dass die Bremsen aktiviert werden konnten. In Warschau wurde das aufgrund äußerer Umstände, die die Konstrukteure beim Design des Systems nicht bedacht hatten, zur tödlichen Falle. Das Flugzeug landete bei starkem Seitenwind in leichter Schräglage. Nur eines der beiden Fahrwerke übermittelte über die eingebauten Sensoren das Signal für Bodenkontakt an den Bordcomputer. Dieser gibt jedoch die Störklappen, deren Öffnung den Auftrieb des Flugzeugs vernichtet, erst frei, wenn beide Fahrwerke »touch down« melden. Ein wichtiger Mechanismus, dessen Aktivierung den Unfall hätte verhindern können, stand nicht zur Verfügung. Ein flexibles Störfallmanagement, wie es gut ausgebildete Piloten auch unter großem Zeitdruck beherrschen, war somit unmöglich.[43]

Diese Problematiken verschärfen sich, wenn autonome Technik zum Einsatz kommt, die in der Lage ist, Entscheidungen in einer Weise zu fällen, wie es bislang ausschließlich der Mensch konnte. Der Unterschied lässt sich am Beispiel des Autopiloten gut veranschaulichen: Während ein automatisches System stur die voreingestellte Flughöhe einhält, kann ein autonomes System, etwa aufgrund einer Kollisionswarnung, *entscheiden*, in den Sink- oder Steigflug zu gehen. Smarte Systeme sind somit in der Lage, je nach Situation unterschiedlich zu reagieren.

Wie das Beispiel Airbus zeigt, kann sich eine technikgetriebene Automatisierung als gefährliche Sackgasse erweisen. Humanzentrierte Ansätze sind zwar in der Designphase aufwendiger und gelegentlich schwerfälliger. Sie haben jedoch den unbestreitbaren Vorteil, dass auf diese Weise Lösungen generiert werden, die auf dem Know-how der Nutzer aufbauen und von ihnen akzeptiert werden. Zudem sind sie praxistauglich, ihre Risiken lassen sich besser beherrschen.

Bislang wurde Komplexität in diesem Buch als eine feststehende Tatsache behandelt, als geradezu zwangsläufige Folge von Automatisierung und Digitalisierung. Das unterstellt, dass menschliche Operateure tendenziell überfordert sind, wenn die Komplexität eines soziotechnischen Systems zunimmt. Ganz so einfach ist es allerdings nicht. Karl Weick zufolge sollte man nämlich zwei Sichtweisen von Komplexität unterscheiden: Mit der Formel »technology on the floor« beschreibt er die objektive Systemkomplexität, also strukturelle Faktoren wie nichtlineare Interaktionen, die zu einem schwer durchschaubaren beziehungsweise nicht vorhersehbaren Systemverhalten führen können. Mit der Formel »technology in the head« beschreibt er hingegen die mentalen Modelle in den Köpfen des Personals, die bestimmte Vorstellungen entwickeln, wie die Prozesse innerhalb des Systems funktionieren. Diese mentalen Vorstellungen können aber vom tatsächlichen Geschehen erheblich abweichen.[44]

Wahrgenommene Komplexität wäre also keine zwangsläufige Folge bestimmter Systemeigenschaften. Sie könnte auch Resultat individueller Überforderung oder mangelnder Fähigkeit zur Komplexitätsbewältigung sein, die ihre Ursache in mangelndem Wissen oder fehlendem Training hat. Komplexität entstünde demnach im Kopf und nähme mit steigendem Stresslevel weiter zu, womit die Fähigkeit zum flexiblen Krisenmanagement sich nochmals verringert. Damit zeichnet sich aber auch eine Lösung zur Behebung des Problems ab, nämlich die Ausbildung und das Training zu verbessern, um dem Bedienpersonal Gelegenheit zu geben, Erfahrungen im Umgang mit komplexen Systemen zu sammeln. Ein zweiter Ansatzpunkt bestünde darin, ausreichend Ressourcen zur Verfügung zu stellen, also den Zeit- und Kostendruck zu reduzieren.[45]

Diese Überlegungen machen jedoch auch klar, dass man mit konzeptionellen Überlegungen an gewisse Grenzen stößt. Es ist vielmehr sinnvoll, die Frage nach der Beherrschbarkeit komplexer Systeme empirisch zu untersuchen. Dies geschieht in den folgenden Abschnitten, in denen zwei Befragungen von Autofahrern und Piloten vorgestellt werden, die insbesondere die subjektive Wahrnehmung von Komplexität thematisiert haben.

Kontrollverlust im smarten Auto?

Der These des Kontrollverlusts sind wir mithilfe einer Befragung von 118 Autofahrern nachgegangen, die im Jahr 2010 durchgeführt wurde, also in einer Phase, in der die Ausstattung von Neufahrzeugen mit Fahrerassistenzsystemen unterschiedlichster Art deutlich zunahm. Wir fanden zunächst heraus, dass die Fahrzeuge im Durchschnitt mit sechs Assistenzsystemen ausgestattet waren, die meisten mit ABS (100 Prozent) und ESP (87,7 Prozent), aber auch Navigationssystemen (fest installiert oder portabel – 45,0 Prozent), darüber hinaus mit Tempomat (64,3 Prozent), Regensensor (62,9 Prozent), Parkassistent (48,6 Prozent), aber nur wenige mit avancierten Systemen wie einem Abstandsregeltempomat (18,3 Prozent) oder einem Spurhalteassistent (9,6 Prozent).[46]

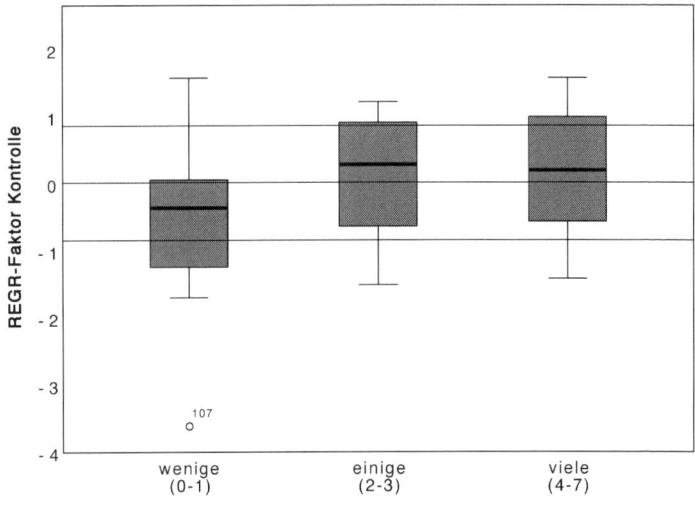

Anzahl der Führungssysteme (gruppiert)

Abbildung 4: Kontrollempfinden von Autofahrern in Bezug auf die Anzahl der Assistenzsysteme (N = 118, Quelle: Weyer u. a. 2015b, S. 204)

Die Vermutung, dass das Kontrollempfinden der Fahrer mit der Zahl der Fahrerassistenzsysteme abnimmt, ließ sich nicht bestätigen. Eher trifft das Gegenteil zu: Abbildung 4 zeigt für sogenannte Führungssysteme (Tempomat, Spurhalteassistent), bei denen Mensch und Technik intensiv interagieren, das Kontrollempfinden in Form eines statistisch ermittelten Faktors auf der y-Achse und die Anzahl der Assistenzsysteme auf der x-Achse. Bei den drei Boxplots für wenige (0 bis 1), einige (2 bis 3) und viele (4 bis 7) Assistenzsysteme liegen 50 Prozent der Daten innerhalb der Box und jeweils 25 Prozent der Daten auf den nach oben beziehungsweise unten weisenden »whiskers«. Der schwarze Balken innerhalb der Boxen zeigt zudem den Median an, ober- beziehungsweise unterhalb dessen jeweils 50 Prozent der Daten liegen. Die Abbildung belegt: Je mehr Assistenzsysteme an Bord des Autos sind, desto höher ist die wahrgenommene Kontrolle. Die befragten Autofahrer fühlten sich also durch die technischen Systeme an Bord weniger eingeschränkt, als wir es unter Bezug auf bisherige Befunde der Automationsforschung angenommen hatten.

Ganz im Sinne der »automation surprises« haben wir zudem nach negativen Erfahrungen gefragt und waren überrascht, dass nur 15,5 Prozent der Befragten von gelegentlichen oder häufigen Fehlfunktionen ihrer Assistenzsysteme berichteten. Der Zusammenhang von Fehlfunktionen und Kontrollempfinden ist zwar statistisch signifikant (-,314**), verweist aber vor allem auf die kleine Gruppe mit negativen Erfahrungen und einem sehr niedrigen Kontrollempfinden.

Eine viel größere Rolle als negative Erfahrungen scheint die allgemeine Einstellung zu Technik zu spielen, die mit der wahrgenommenen Kontrolle positiv korreliert (,326**). Abbildung 5 zeigt, wiederum in Form von Boxplots, das Kontrollempfinden auf der y-Achse und die generelle Einstellung zu Technik auf der x-Achse, wobei wir die Befragten in vier gleich große Gruppen unterteilt haben, sogenannte Perzentilgruppen. Die Daten verdeutlichen, dass technikaffine Personen (Per-

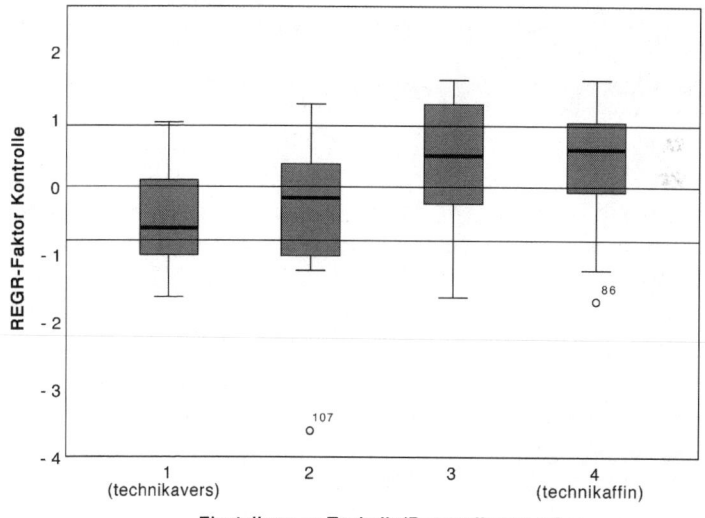

Abbildung 5: Kontrollempfinden von Autofahrern in Bezug auf die Einstellung zur Technik (N = 118, Quelle: Weyer u. a. 2015b, S. 206)

zentilgruppe 4) ein höheres Kontrollempfinden haben als technikaverse Personen (Perzentilgruppe 1), die eher einen Kontrollverlust verspüren. Es sind vorrangig grundlegende Einstellungen auf Seiten der Befragten, also systemunabhängige Faktoren, die zur Wahrnehmung eines Kontrollverlustes führen, und weniger die Eigenschaften des konkreten technischen Systems.

Schließlich haben wir nach der Rollenverteilung von Mensch und Technik gefragt, für die fünf Kombinationen (in 25er Schritten) vorgegeben waren, und zwar bezogen auf die Funktionen Lenken, Bremsen und Einparken. Für das Auto der Gegenwart im Jahr 2010 ergaben sich folgende Werte (vgl. Tabelle 1):

	Mensch	100	75	50	25	0
	Technik	0	25	50	75	100
Wer steuert das Auto?		**64,8 %**	32,4 %	1,9 %	1,0 %	
Wer bremst das Auto?		37,1 %	**49,5 %**	9,5 %	3,9 %	
Wer parkt das Auto ein?		**65,4 %**	28,8 %	3,8 %	1,9 %	
Durchschnitt		**55,8 %**	36,9 %	5,1 %	2,2 %	

Tabelle 1: Rollenverteilung im Auto der Gegenwart
(Jahr 2010, Quelle: Weyer u. a. 2015b, S. 204)

Nimmt man die Kategorie 100/0 als manuelles Fahren, so wird deutlich, dass die Befragten die Fahraufgaben Steuern (64,8 Prozent) und Einparken (65,4 Prozent) überwiegend als Domäne des Menschen sehen, während das Bremsen (37,1 Prozent) insofern eine Ausnahme darstellt, als sich hier ein größerer Anteil eine teilweise Delegation an die Technik vorstellen kann.

Bei der Frage nach dem Auto der Zukunft (im Jahr 2020) ergaben sich bemerkenswerte Verschiebungen (vgl. Tabelle 2). Hier konnte sich bereits ein wesentlich größerer Teil der Befragten ein assistiertes Fahren (insbesondere im Fall des Einparkens) vorstellen. Der Rückgang in der Kategorie des manuellen Fahrens (100/0) ist in allen drei Kategorien beachtlich und beträgt bei den Durchschnittswerten 37,9 Prozentpunkte. Die beiden Kategorien des teilautonomen (75/25) beziehungsweise autonomen Fahrens (0/100) liegen nunmehr zusammen im Schnitt bei 23,9 Prozent (zuvor lediglich 2,2 Prozent). Dies belegt, dass die Proban-

	Mensch	100	75	50	25	0
	Technik	0	25	50	75	100
Wer steuert das Auto?		29,2 %	**40,6 %**	18,9 %	11,3 %	
Wer bremst das Auto?		12,3 %	**34,9 %**	30,2 %	22,6 %	
Wer parkt das Auto ein?		12,3 %	21,7 %	28,3 %	**37,8 %**	
Durchschnitt (2020)		17,9 %	**32,4 %**	25,8 %	23,9 %	
Zum Vergleich Durchschnitt (2010)		*55,8 %*	*36,9 %*	*5,1 %*	*2,2 %*	
Differenz 2010/2020 (Prozentpunkte)		*-37,9*	*-4,5*	*20,7*	*20,7*	

Tabelle 2: Rollenverteilung im Auto der Zukunft
(Jahr 2020, Quelle: Weyer u. a. 2015b, S. 204)

den eine deutliche Veränderung der Rollenverteilung von Mensch und Technik erwarten. Ein Vergleich der Funktionen zeigt aber auch, dass das Steuern (11,3 Prozent) die Aktivität ist, die Menschen nur ungern an Technik delegieren wollen, anders als im Fall des Bremsens (22,6 Prozent) und Einparkens (37,8 Prozent).

Zusammenfassend lässt sich also festhalten: Die zunehmende Automation steigert die Komplexität soziotechnischer Systeme. Allerdings führt das Zusammenspiel von Mensch und autonomer Technik nicht zwangsläufig zu einem Kontrollverlust aufseiten des menschlichen Bedieners. Die in der Automationsforschung weit verbreitete These des Kontrollverlusts in hochautomatisierten Systemen konnten wir in unserer Studie nicht bestätigen. Die Projektion auf das Auto im Jahr 2020 zeigt sogar, dass die meisten Probanden sich vorstellen können, einen Teil der Kontrolle bereitwillig an technische Assistenzsysteme abzugeben.

Kontrollverlust im intelligenten Flugzeug?

Die Luftfahrt war eine der ersten zivilen Branchen, in denen hochautomatisierte Systeme zum Einsatz kamen. Computergestütztes Fliegen wurde Mitte der 1980er-Jahre mit den Flugzeugen der vierten Jetgeneration eingeführt und prägt seitdem die Arbeitswelt der Piloten. In diesem Bereich liegen also bereits langjährige Erfahrungen vor.[47]

Insbesondere die Einführung der Fly-by-wire-Technik sowie die Reduktion der Crew auf zwei Piloten hatten in den 1980er-Jahren heftige Debatten über die Risiken dieses revolutionären Sprungs ausgelöst. Angefeuert wurden die Diskussionen durch spektakuläre Unfälle, die auf ein unzureichendes Design der Mensch-Maschine-Schnittstelle zurückzuführen waren. Mittlerweile ist das computergestützte Flugzeug zum dominanten Design der Zivilluftfahrt geworden, und das Fliegen ist, blickt man in die entsprechenden Unfallstatistiken, insgesamt sicherer geworden. Einige Zwischenfälle jüngerer Zeit werfen jedoch Fragen auf, die scheinbar gelöst schienen: etwa die nach dem Kontrollverlust des menschlichen Bedieners an Bord hochautomatisierter Flugzeuge.

25 Jahre nach Einführung des computergestützten Fliegens haben wir mit Unterstützung des Forschungsnetzwerks für Verkehrspilotenausbildung (FHP) sowie der Vereinigung Cockpit (VC) eine Befragung von Piloten durchgeführt. Ziel war es herauszufinden, wie die Mensch-Maschine-Interaktion im Cockpit moderner Flugzeuge funktioniert. Dabei haben wir uns von einer neuen Perspektive der Automationsforschung leiten lassen, die sich vom traditionellen Entweder-oder-Denken (entweder der Mensch *oder* die Technik) löst und die Kollaboration von Mensch *und* Automation in den Mittelpunkt rückt. In diesem Sinne verstehen wir das Flugzeug als ein hybrides soziotechnisches System, das vom Menschen *und* von (teil)autonomer Technik gesteuert wird, die in einer symmetrischen Beziehung zueinanderstehen und sich wechselseitig als Teampartner betrachten.[48]

Aus diesen konzeptionellen Vorüberlegungen leiten sich die zwei Hypothesen ab, die das Vertrauen in die hybride Kollaboration als abhängige Variable betrachten und nach Faktoren suchen, die dieses Vertrauen positiv oder negativ beeinflussen:

Hypothese 1: Ein hohes Maß an *wahrgenommener Symmetrie* geht mit einem hohen Maß an Vertrauen in die hybride Kollaboration einher.

Und im Umkehrschluss vermuten wir:

Hypothese 2: Je mehr Piloten die *ultimative Autorität* für sich beanspruchen, desto geringer ist ihr Vertrauen in die hybride Kollaboration.

Es gibt eine große Zahl von Publikationen zur Automation in der Luftfahrt. Dabei kamen unterschiedliche Methoden zum Einsatz, beispielsweise Befragungen von Piloten, Fallstudien, die teilweise auf Sekundäranalysen offizieller Unfalluntersuchungsberichte basieren, Analysen der »self reports« von Piloten, teilnehmende Beobachtung, beispielsweise auf dem »jumpseat« im Cockpit, auch in Form der »workplace studies«, Simulatorexperimente und schließlich Simulationsexperimente.[49] All diese Methoden haben Vor- und Nachteile (vgl. Kapitel 2). Fallstudien öffnen die Blackbox und ermöglichen tiefe Einblicke in oftmals verborgene Zusammenhänge, sind aber häufig auf den konkreten Einzelfall beschränkt, was eine Verallgemeinerung der gewonnenen Erkenntnisse erschwert. Befragungen erreichen hingegen eine große Zahl von Personen, können jedoch nur deren Einstellungen und Wahrnehmungen abfragen. Die Methode der teilnehmenden Beobachtung und Simulatorexperimente kommen demgegenüber viel näher an das reale Verhalten der Probanden heran, sind aber meist auf eine kleine Zahl beschränkt, was statistische Auswertungen unmöglich macht. Ein Mix unterschiedlicher Methoden erscheint also sinnvoll, um sich dem Thema zu nähern.

Betrachtet man ausschließlich Befragungen von Piloten, so ergibt sich zudem ein überraschender Befund: Seit der viel zitierten Studie von Earl Wiener aus dem Jahr 1989 sind weltweit lediglich vier weitere Befragungen durchgeführt worden, die jedoch nur als Report, Dissertation oder in Tagungsbänden erschienen sind, nicht aber in akademischen Fachzeitschriften.[50] Zudem wurden unterschiedliche Methoden verwendet, und insgesamt findet man wenig Übereinstimmung. Einig sind sich die Studien lediglich in zwei Punkten: Die Piloten haben eine generell positive Haltung gegenüber der Automation, und sie verspüren kein »mode confusion«, sind sich also in der Regel gewiss, in welchem Betriebsmodus sich das System befindet.[51] Aber bereits bei der Frage, ob Erfahrung das Systemverständnis erhöht, liegen die Aussagen unterschiedlicher Studien weit auseinander. Das Thema Vertrauen in Automation hat zudem lediglich Prevendren Naidoo untersucht, jedoch mit uneindeutigen Ergebnissen, etwa bezüglich des Zusammenhangs von Erfahrung und Vertrauen.[52]

Insgesamt ergibt sich ein lückenhaftes und teilweise widersprüchliches Bild. Zudem lagen kaum aktuelle Daten vor, sodass eine erneute Befragung von Piloten sinnvoll erschien. Diese war von zwei weiteren Hypothesen geleitet, die aus dem Stand der Forschung über die Mensch-Maschine-Interaktion in komplexen soziotechnischen Systemen abgeleitet waren:

Hypothese 3: Je stärker ein *Wandel der Rollen- und Kompetenzverteilung* (von Mensch und Technik) wahrgenommen wird, desto höher ist das Vertrauen in die hybride Kollaboration.

Hypothese 4: Je mehr *Komplexität* wahrgenommen wird, desto geringer ist das Vertrauen in die hybride Kollaboration.

Die fünfte Hypothese bezieht sich schließlich auf jahrelange Debatten über unterschiedliche Automationsphilosophien der beiden großen Flugzeughersteller Boeing und Airbus. Während Airbus eine Strategie verfolgt hatte, bei der die Technik das letzte Wort hat, hat bei Boeing der Mensch die Option, die Technik im Zweifelsfall zu überstimmen.[53]

Hypothese 5: *Boeing-Piloten* haben mehr Vertrauen in die hybride Kollaboration als andere Piloten.

Die Studie verfolgte einen Mixed-Methods-Ansatz. In einer qualitativen Vorstudie wurden im Jahr 2007 Interviews mit Pilotinnen und Piloten geführt, die wesentliche Erkenntnisse über deren Wahrnehmungen und Einstellungen, insbesondere zur Rollenverteilung im Cockpit, ergaben.[54] Im Sommer 2008 wurde ein Online-Fragebogen verbreitet, der 278 Mal ausgefüllt wurde und letztlich zu 199 verwertbaren Datensätzen führte. Die befragten Pilotinnen und Piloten waren zwischen 22 und 73 Jahren alt (im Schnitt 39,9). Nur 6 Prozent (N = 11) waren weiblich – mit einem Altersschnitt von 29,7 Jahren. Der größere Teil der Befragten war bei Lufthansa (45,1 Prozent) oder Eurowings (31,7 Prozent) beschäftig, nur 10,3 Prozent bei Low-Cost-Airlines und anderen Wettbewerbern (sowie 13,0 Prozent Sonstige). Im Schnitt hatten sie 7 254 Stunden Flugerfahrung (auf Flugzeugen mit mehr als 20 Tonnen Startgewicht), davon 3 490 auf dem aktuell geflogenen Typ.

Die Positionen verteilten sich nahezu zu gleichen Teilen auf (Senior) First Officer (48,7 Prozent) und Captain (51,3 Prozent, davon keine weibliche Pilotin).

Bei der Lizenz für das Flugzeugmuster, welche die Piloten aktuell besaßen (»type rating«), ergab sich eine Verteilung, die wir vor dem Hintergrund der Airbus-Boeing-Debatte nicht erwartet hatten. Die stärksten Gruppen waren Canadair regional jet (CRJ, 21,0 Prozent), Boeing 737 (15,4 Prozent), AVRO/BAE 146 (14,9 Prozent) sowie Airbus A320 (13,3 Prozent). Auch bei den Herstellern dominieren unterschiedliche Regionaljets (39,0 Prozent) vor Boeing (29,2 Prozent) und Airbus (26,7 Prozent). Bei der Reichweite sind am häufigsten die Kurz- und die Mittelstrecke vertreten (73,0 Prozent). Leider erlauben unsere Daten es nicht, exakt zwischen Flugzeugen der dritten und der vierten Jetgeneration zu unterscheiden.[55]

Am Beispiel der abhängigen Variable »Vertrauen in hybride Kollaboration« sei kurz die Auswertungsmethode erläutert. Für diese Variable wurde eine Skala mit sechs Items gebildet, zu denen die Befragten Stellung beziehen sollten (vgl. Tabelle 3). Dies geschah mit einer sechsstufigen Likert-Skala, die Antwortmöglichkeiten von 1 (stimme nicht zu) bis 6 (stimme voll zu) enthielt.

Das Flugzeug zu fliegen, beruht heute überwiegend auf Routinen.
Ohne die technischen Unterstützungssysteme fühlt man sich als Pilot heute ungeschützt.
Als Pilot überwacht man das System und übernimmt nur dann die direkte Kontrolle, wenn etwas Unerwünschtes passiert.
Piloten werden zunehmend zu Systemmanagern.
Die Aufgabe des Piloten ist es eher, das Flugzeug zu navigieren (d. h. das Flight-Management-System zu programmieren), als es direkt manuell zu steuern.
Als Pilot wird man zunehmend zum Maschinenbediener (»Operator«).

Tabelle 3: Abhängige Variable »Vertrauen in hybride Kollaboration«
(Quelle: Weyer 2016, S. 172)

Mithilfe einer Faktorenanalyse wurde die Reliabilität dieses Konstrukts getestet – mit zufriedenstellenden Ergebnissen (KMO 0,762;

erklärte Varianz 39,57 Prozent; Cronbachs Alpha 0,685). Anschließend wurden vier Perzentilgruppen mit jeweils 25 Prozent der Befragten gebildet, die Personen mit unterschiedlich hohem Vertrauen umfassen (vgl. Tabelle 4).

Faktorwert	Perzentil	Perzentilgruppe
2,09188 (Maximum)	100	4 – sehr großes Vertrauen
0,799907	75	3 – großes Vertrauen
0,0450369	50	2 – geringes Vertrauen
-0,6462669	25	1 – sehr geringes Vertrauen
-3,02093 (Minimum)		

Tabelle 4: Perzentilgruppen des Faktors »Vertrauen« (Quelle: Weyer 2016, S. 172)

Dieses Verfahren wurde ebenfalls bei den vier unabhängigen Variablen »Symmetriewahrnehmung«, »ultimative Autorität«, »Wandel der Rollenverteilung« und »Komplexitätswahrnehmung« angewandt (vgl. Tabelle 5), die gemeinsam mit den Kontrollvariablen Musterberechtigung, Reichweite und Alter für den Test der Hypothesen verwendet wurden.

Variable	Items	KMO	Varianz	Cronbachs Alpha
Symmetriewahrnehmung	3	0,639	60,69 %	0,674
Ultimative Autorität	4	0,694	51,65 %	0,682
Wandel der Rollenverteilung	4	0,753	54,82 %	0,726
Komplexitätswahrnehmung	2			0,714

Tabelle 5: Unabhängige Variablen (Quelle: Weyer 2016)

Die Regressionsrechnung in Tabelle 6 bietet einen ersten groben Überblick darüber, ob die vermuteten Zusammenhänge zutreffen. Die Beta-Koeffizienten bieten starke Anhaltspunkte, dass insbesondere die Hypothesen 1 und 3 zutreffen. Diese Befunde werden im Folgenden durch eine deskriptive Analyse erhärtet und vertiefend interpretiert.

Vertrauen in hybride Kollaboration	Beta	Hypothese
(H1) Symmetriewahrnehmung	**,232****	**bestätigt**
(H2) Ultimative Autorität	-,082	nicht bestätigt
(H3) Wandel der Rollenverteilung	**,372****	**bestätigt**
(H4) Komplexitätswahrnehmung	-,029	nicht bestätigt
(H5) Musterberechtigung (Dummy-Variable: 1 = Boeing)	-,095	unklarer Befund
Reichweite (Dummy-Variable: 1 = Langstrecke)	-,160*	
Alter (metrisch)	,096	
	N	185
	Adjusted r^2	,312
**p < 0,01 *p < 0,05 +p < 0,1		

Tabelle 6: OLS-Regression »Vertrauen in hybride Kollaboration«
(Quelle: Weyer 2016, S. 174)

Ergebnisse der Pilotenstudie

Die befragten Pilotinnen und Piloten haben ein großes Vertrauen in die hybride Kollaboration von Mensch und Technik, ablesbar an einem Mittelwert von 4,37, der deutlich über dem Mittel von 3,50 auf der von 1 (stimme nicht zu) bis 6 (stimme voll zu) reichenden Skala liegt. Der überwiegende Teil hat ein großes (56,0 Prozent) beziehungsweise sehr großes Vertrauen (32,1 Prozent); die Gruppe mit geringem Vertrauen (11,5 Prozent) ist sehr klein, und sehr geringes Vertrauen ist überhaupt nicht vertreten. Es gibt keine Korrelation von Vertrauen mit Alter oder Erfahrung.

In Bezug auf die Symmetriewahrnehmung (Hypothese 1) finden wir annähernd eine Gleichverteilung zwischen Zustimmung und Ablehnung (Mittelwert 3,54). Diese Variable korreliert weder mit Alter noch Erfahrung; es finden sich jedoch auffällige Unterschiede bei der Musterberechtigung (»type rating«).[56] Abbildung 6 zeigt auf der x-Achse die Flugzeugtypen, auf der y-Achse einen statistisch ermittelten Faktorwert für die Symmetriewahrnehmung, den wir – durch Linien erkennbar – in vier Perzentilgruppen eingeteilt haben, die jeweils 25 Prozent der Befragten umfassen. Der schwarze Balken markiert den Median. Die Daten

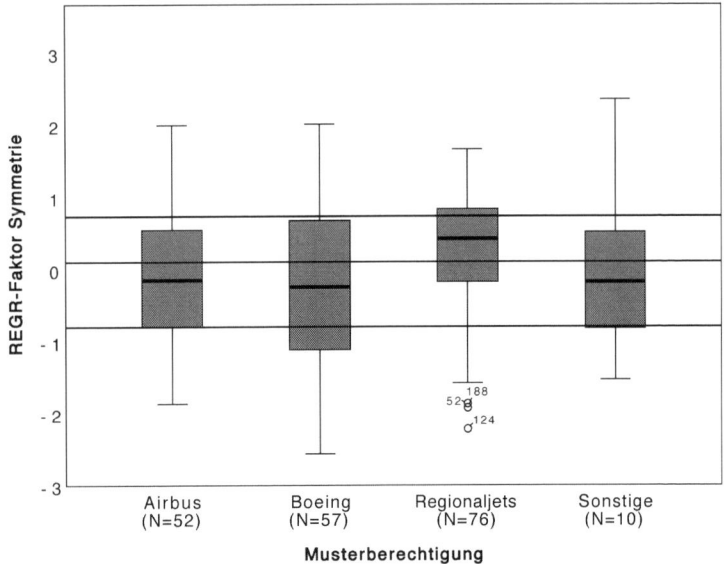

Abbildung 6: Symmetrie-Wahrnehmung von Piloten und Musterberechtigung
(N = 195, Quelle: Weyer 2016, S. 174)

belegen deutlich: Piloten von Regionaljets haben eine deutlich höhere Symmetriewahrnehmung als Airbus- und Boeing-Piloten. Dies liegt vermutlich daran, dass sie aufgrund ihres Tätigkeitsprofils mehr Starts und Landungen durchführen und daher mehr Erfahrung in der Zusammenarbeit von Mensch und avancierter Technik haben als andere Piloten.

Wie die Regressionsrechnung bereits gezeigt hat, gibt es einen positiven und signifikanten Zusammenhang zwischen der Symmetriewahrnehmung und dem Vertrauen in hybride Kollaboration. Je stärker die technischen Komponenten des soziotechnischen Systems Flugzeug als gleichberechtigter Partner wahrgenommen werden, desto höher ist das Vertrauen. Hypothese 1 kann also bestätigt werden.

Nahezu alle befragten Pilotinnen und Piloten sprechen sich dafür aus, dass der menschliche Entscheider immer das letzte Wort haben sollte (Mittelwert 5,75). Interessanterweise hat dies jedoch keine negativen Auswirkungen auf das Vertrauen in hybride Kollaboration. Im Gegenteil: Wie die Regressionsrechnung gezeigt hat, gibt es einen schwach ne-

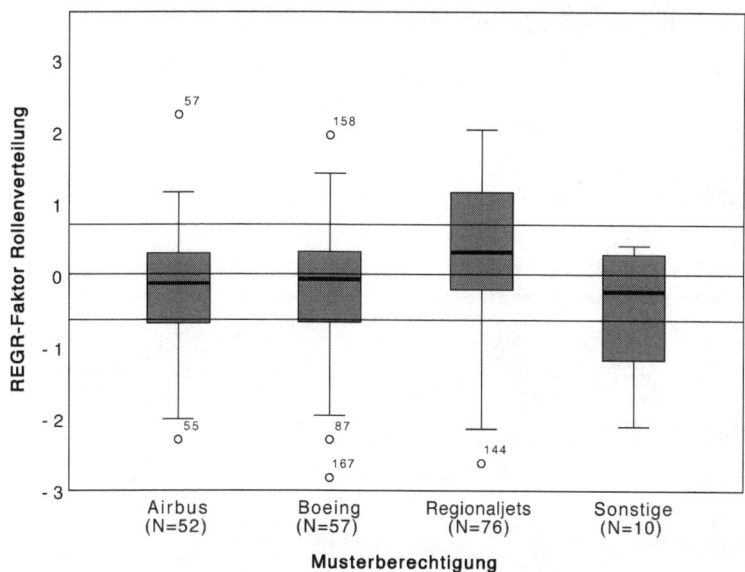

Abbildung 7: Wandel der Rollenverteilung und Musterberechtigung
(N = 195, Quelle: Weyer 2016, S. 175)

gativen, jedoch nicht signifikanten Zusammenhang. Die Hypothese 2 muss also als widerlegt gelten. Auf den ersten Blick scheint es sich zu widersprechen, dass Piloten der traditionellen Rollenverteilung verhaftet sind und dennoch ein hohes Vertrauen in hybride Kollaboration haben. Piloten, mit denen wir unsere Ergebnisse diskutiert haben, sahen jedoch keinen Konflikt darin, für sich die letzte Entscheidungsgewalt zu reklamieren, zugleich aber auf dieses Recht temporär zu verzichten, um mit automatischen Systemen auf gleichberechtigter Basis zu kooperieren.[57]

Die Antworten zum Wandel der Rollen- und Kompetenzverteilung von Mensch und Technik streuen um einen Mittelwert von 3,86. Gut 60 Prozent der Piloten haben einen starken oder sehr starken Wandel wahrgenommen, knapp 40 Prozent einen geringen oder sehr geringen. Auch hier gibt es einen deutlichen Zusammenhang zum »type rating«: Wiederum sind es Piloten von Regionaljets, die deutlich mehr Wandel wahrgenommen haben als ihre Kollegen in Airbus- oder Boeing-Jets, die schon seit Jahrzehnten Flugzeuge der vierten Jetgeneration fliegen (vgl. Abbildung 7). Bei den Regionaljets hat der Wechsel von älteren zu neueren Modellen hingegen erst in den letzten Jahren stattgefunden. Zudem hat die Automation bislang eine geringere Eingriffstiefe, wie uns Piloten bestätigten.

Der Zusammenhang zwischen dem wahrgenommenen Wandel der Rollenverteilung und dem Vertrauen in hybride Kollaboration ist zudem statistisch hochsignifikant (,372**). Pilotinnen und Piloten, die einen starken Wandel der Rollenverteilung zwischen Mensch und (teil) autonomer Technik wahrnehmen, haben ein deutlich positiveres Verhältnis zu dieser neuartigen Form der hybriden Kollaboration im soziotechnischen System Flugzeug. Hypothese 3 kann also als bestätigt gelten.

Knapp 40 Prozent der Piloten sehen die Komplexität moderner Flugzeuge als hoch oder sehr hoch an; 60 Prozent nehmen eine geringe oder sehr geringe Komplexität wahr (Mittelwert 3,31). Die Variable »Komplexität« korreliert stark mit Alter (,192**) und Erfahrung (,228**). Ältere, erfahrene Piloten nehmen subjektiv mehr Komplexität wahr als jüngere, weniger erfahrene. Dies lässt sich folgendermaßen erklären: Ältere Piloten haben im Laufe ihrer Karriere mehr Gelegenheiten gehabt, Automationsversagen zu erleben. Sie arbeiten teilweise als Ausbilder und haben eine reflexive Einstellung zu Automationsthemen entwickelt. Da sie zudem den Übergang von der dritten zur vierten Flugzeuggeneration erlebt haben, sind ihre Einstellungen gegenüber Automation reservierter als die jüngerer Piloten, die in einer Welt voller Computer groß geworden sind und nichts anderes kennen als »Atari-Flieger«.

Zudem gibt es offenbar Unterschiede zwischen den Flugzeugherstellern: Airbus-Piloten haben eine deutlich höhere Komplexitätswahrnehmung als Piloten von Boeing-Flugzeugen und Regionaljets. Abbildung 8 zeigt auf der x-Achse drei gleich große Alterskohorten und auf der y-Achse einen statistisch ermittelten Faktor für die Komplexitätswahrnehmung (mit Linien für die Perzentilgruppen). Die Boxplots sind aufgeteilt auf die drei Flugzeugtypen Airbus, Boeing und Regionaljets. Wie die Daten zeigen, nehmen jüngere Piloten weniger Komplexität wahr als ältere. Aber innerhalb der Gruppe der Jüngeren weichen Airbus-Piloten mit einer deutlich höheren Komplexitätswahrnehmung von ihren Altersgenossen ab. Offenbar bereitet es gerade in den ersten Berufsjahren einige Probleme, mit diesem Flugzeugtyp klarzukommen.

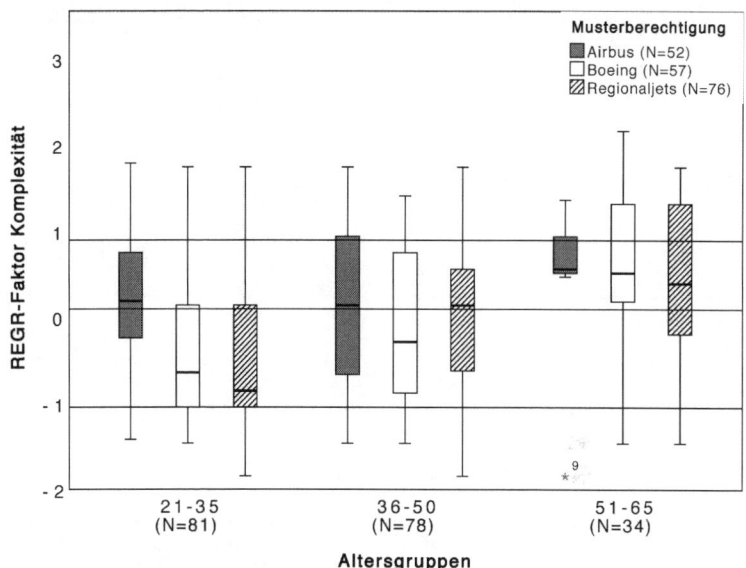

Abbildung 8: Komplexitätswahrnehmung in Bezug zu Alter und Musterberechtigung (N = 195, Quelle: Weyer 2016, S. 176)

In der Gruppe der Piloten mittleren Alters sind es hingegen die Boeing-Piloten, die sich von ihren Altersgenossen durch eine geringere Komplexitätswahrnehmung abheben, was darauf verweist, dass die Zusammenarbeit von Mensch und Technik an Bord von Boeing-Flugzeugen offenbar besser funktioniert als bei anderen Flugzeugmustern. Die immer wieder diskutierten Unterschiede zwischen den Automationsphilosophien der beiden Hersteller Airbus und Boeing lassen sich hier also gut nachweisen. Das überraschendste Ergebnis unserer Analysen ist jedoch, dass es zwischen der Komplexitätswahrnehmung und dem Vertrauen in hybride Kollaboration *keinen* statisch nachweisbaren Zusammenhang gibt. Hypothese 4, die diesen Zusammenhang postuliert hat, ist also widerlegt.

Wie die bisherigen Analysen gezeigt haben, spielt die Musterberechtigung in vielerlei Hinsicht eine Rolle, zum Beispiel bei der Symmetriewahrnehmung oder beim wahrgenommenen Wandel der Rollenverteilung. Auch das Vertrauen in hybride Kollaboration hängt in starkem

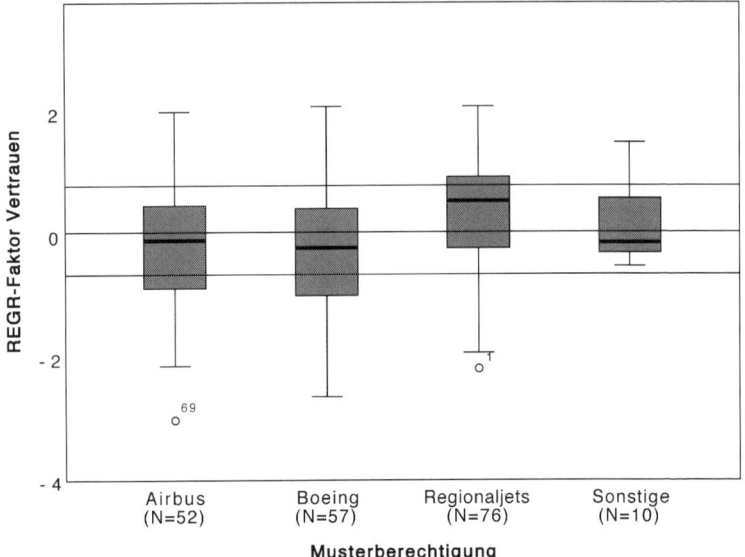

Abbildung 9: Vertrauen in hybride Kollaboration und Musterberechtigung
(N = 195, Quelle: Weyer 2016, S. 177)

Maße mit dem »type rating« zusammen (vgl. Abbildung 9). Pilotinnen und Piloten von Regionaljets haben ein deutlich höheres Vertrauen als Airbus- und Boeing-Piloten, die sich diesbezüglich nicht unterscheiden. Hypothese 5, die besagt, dass Boeing-Piloten ein größeres Vertrauen haben als andere, kann also nicht bestätigt werden. Die Reichweite scheint sich stärker auf die Wahrnehmungen von Piloten in puncto Automation auszuwirken als die Differenz zwischen Airbus und Boeing.

Dies belegen auch weitere Berechnungen, die zeigen, dass Piloten von Kurzstreckenflugzeugen deutlich mehr Vertrauen in hybride Kollaboration haben als andere. Dies hängt vermutlich, wie bereits erwähnt, mit der Häufigkeit von Starts und Landungen zusammen und der damit verbundenen Möglichkeit, Erfahrungen in der Kollaboration mit Automation zu machen. Wie die Regressionsrechnung gezeigt hat, spielt das Alter überraschenderweise keine Rolle. Es gibt keine Korrelation zwischen Alter und Vertrauen oder Komplexitätswahrnehmung.

In der Zusammenschau sind die Ergebnisse der Studie teilweise überraschend: Das Vertrauen in die hybride Kollaboration ist sehr hoch und hängt stark mit der wahrgenommenen Symmetrie von Mensch und Technik sowie mit dem wahrgenommenen Wandel der Kompetenzen und der Rollenverteilung zusammen. Im Gegensatz dazu ergab die Frage nach der wahrgenommenen Komplexität nur mittlere Werte. Die größte Überraschung war jedoch, dass sich dies nicht auf das Vertrauen in die hybride Kollaboration auswirkt. Die Unterschiede zwischen Airbus- und Boeing-Piloten sind geringer als erwartet. Piloten von Regionaljets, die meist Kurz- oder Mittelstrecke fliegen, heben sich jedoch von den beiden anderen Gruppen deutlich ab, vermutlich aufgrund des spezifischen Aufgabenprofils mit häufigen Starts und Landungen. Denn dies bringt viele Gelegenheiten mit sich, mit automatischen Systemen zu interagieren und diese als gleichberechtigte Teampartner zu erleben.

Fazit

Die Digitalisierung des privaten Alltags wie auch der Arbeitswelt schreitet in großen Schritten voran – und wird sich weiter beschleunigen. Was in der Luftfahrt mit dem computergestützten Fliegen begann, setzt sich im Straßenverkehr und mittlerweile auch im Bereich Gesundheit und Fitness fort. Smarte Geräte werden immer mehr zu unseren Begleitern, die uns bei vielfältigen Prozessen unterstützen oder unsere Handlungen ersetzen. Menschliche Bediener und Nutzer befinden sich zunehmend in hybriden Konstellationen, in denen die Handlungsträgerschaft auf Menschen und zunehmend autonome Technik verteilt ist. Wie genau dieses Zusammenspiel funktioniert, ist noch unzureichend erforscht. Empirische Studien verweisen darauf, dass die Einstellung zu autonomer Technik generell positiv und das Vertrauen in Technik recht hoch ist. Erfahrungen im Umgang mit autonomer Technik spielen dabei eine wichtige Rolle.

Es ist kaum zu bestreiten, dass einige der Entwicklungen, die in diesem Kapitel geschildert wurden, als Beschleunigungsphänomene im Sinne von Hartmut Rosa gedeutet werden können. Aber dies wäre nur ein kleiner Ausschnitt einer viel komplexeren Materie. Das Konzept des soziotechnischen Systems richtet den Blick auf die Interaktion von Mensch und (autonomer) Technik und hilft, die Vielschichtigkeit der hier ablaufenden Prozesse zu entziffern. Die Akzeptanz neuer Technik ist erstaunlich hoch, ebenso das Vertrauen in Technik, ja selbst das Vertrauen in Automation. Menschen, die mit avancierter Technik interagieren, haben gelernt (im Fall von Piloten) beziehungsweise lernen zurzeit (im Fall von Autofahrern), derartige Systeme zu verstehen und zu beherrschen. Ein generelles Gefühl der Ohnmacht und des Kontrollverlusts angesichts des zunehmenden Vordringens automatisierter Assistenzsysteme, wie Rosa es behauptet, lässt sich aus unseren empirischen Studien nicht ableiten.

4. Risikomanagement komplexer Systeme

In Kapitel 3 wurde das Zusammenspiel von Mensch und autonomer Technik, also die Mikroperspektive der digitalen Echtzeitgesellschaft, beleuchtet. In den folgenden Kapiteln sollen das Risikomanagement komplexer Systeme (Kapitel 4), deren Transformation in Richtung Nachhaltigkeit (Kapitel 5) sowie Fragen der operativen Steuerung und politischen Regulierung (Kapitel 6) der Echtzeitgesellschaft im Mittelpunkt stehen – also eher die Meso- und die Makroperspektive.

Die Suche nach adäquaten Formen des Risikomanagements komplexer Systeme beginnt mit einem Blick auf die Herausforderungen des Komplexitätsmanagements in Infrastruktursystemen, die anhand einiger Fallbeispiele von Echtzeitsystemen erläutert werden. Nach einem Überblick über die wichtigsten Konzepte der organisationssoziologischen Sicherheitsforschung wird gezeigt, dass die Bearbeitung dieser Themen ebenfalls den Einsatz neuartiger Methoden der Computersimulation erfordert.

Kritische Infrastruktursysteme

Sicherheitskritische Systeme in den Bereichen Information und Kommunikation, Energieversorgung, Transport und Verkehr oder Gesundheitsversorgung sind eine lebenswichtige Grundlage moderner Gesellschaften. Nahezu jeder Bereich des Lebens und Arbeitens ist darauf angewiesen, dass diese Systeme reibungslos funktionieren. Störfälle und Unfälle in einzelnen kritischen Infrastruktursystemen können gravierende Auswirkungen haben, die sich lawinenartig auch auf andere

Systeme ausbreiten und letztlich sämtliche Funktionen von Wirtschaft und Gesellschaft zum Erliegen bringen. Eine Studie des Instituts für Technikfolgenabschätzung und Systemanalyse (ITAS) hat vor einigen Jahren ein »schwarzes Szenario« durchgespielt. Sie ist zu dem Schluss gekommen, dass insbesondere eine stabile Energieversorgung zentral für das Funktionieren anderer gesellschaftlicher Bereiche wie Krankenhäuser, Supermärkte, Tankstellen etc. ist, die ohne Strom auf Dauer nicht arbeiten können. Ein Blackout würde binnen kurzer Zeit sämtliche Bereiche des öffentlichen Lebens lahmlegen.[1]

In deregulierten Märkten ist also die Aufrechterhaltung der Funktionsfähigkeit kritischer Infrastruktursysteme eine wichtige Aufgabe des Staates, der seine Rolle daher neu definieren muss. Denn der Staat tritt heutzutage weniger als Betreiber von Telekommunikations- oder Energieversorgungssystemen auf, sondern vielmehr als Regulierer, der Sorge für die Stabilität der Infrastruktursysteme tragen muss. In diesen Infrastruktursystemen sind privatwirtschaftliche Betreiber tätig, deren Handeln von partikularen Interessen und marktwirtschaftlichen Prinzipien geprägt ist, die nicht per se gemeinwohlförderlich sein müssen.

Sicherheitskritische Systeme stehen momentan vor zwei Herausforderungen, die ihre Funktionsfähigkeit zwar langfristig verbessern sollen, aber auch neue Unsicherheiten und Risiken mit sich bringen: die umfassende Digitalisierung und Vernetzung (zum Beispiel in Form des »smart grids«) und die Transformation in Richtung Nachhaltigkeit (zum Beispiel Energiewende, dazu mehr in Kapitel 5). Das lässt sich gut anhand des Stromnetzes veranschaulichen. Hier vollzieht sich gegenwärtig ein Paradigmenwechsel, der nicht nur die Netzstrukturen, sondern auch die Steuerung dieses komplexen Systems radikal verändert. Die technische Basis dieses Paradigmenwechsels ist die Ausstattung sämtlicher Systemkomponenten mit Rechnerkapazitäten, Sensorik und Kommunikationstechnik sowie deren Vernetzung in Echtzeit.[2]

Bislang war das Stromnetz ein zentralistisches System, das durch wenige Großkraftwerke sowie die großflächige Verteilung des Stroms an die Endkunden geprägt war. Die erneuerbaren Energien stellen dieses System nun radikal infrage, da Solaranlagen, Windkraftwerke und Biogasanlagen es ermöglichen, Strom und Wärme dezentral zu erzeugen und zu verbrauchen. Zudem erfordert das volatile Einspeiseprofil von Solar- und Windkraftanlagen radikal neue Betriebsführungsstrategien, neue Speichermedien sowie eine andere Form der Koordination zwischen den verschiedenen Akteuren. Das System funktioniert bislang nach der Logik der *verbrauchsorientierten Erzeugung,* das künftige System nach der Logik des *erzeugungsorientierten Verbrauchs.* Im Gegensatz zur bisherigen Funktionsweise soll Energie daher immer nur dann genutzt werden, wenn sie tatsächlich zur Verfügung steht.[3]

Der umfassende Umbau der Energieversorgung und -produktion generiert neuartige Unsicherheiten und Risiken, vor allem, weil die Stromproduktion und der Stromverbrauch immer schwerer geplant werden können und kaum vorhersehbare Schwankungen im Netz wahrscheinlicher werden. Zudem verschärfen sich Zielkonflikte zwischen der ökonomischen Effizienz, der ökologischen Qualität, der sozialen Akzeptanz und schließlich der operativen Beherrschbarkeit eines komplexen soziotechnischen Systems, das zunehmend unter Echtzeitbedingungen operiert. Die Infrastruktursysteme der Zukunft sind also durch vielfältige und teils neuartige Interaktionen technischer, sozialer, organisationaler, regulatorischer und normativer Komponenten geprägt. Sie gewinnen dadurch beträchtlich an Komplexität.[4]

Komplexe Systeme bestehen typischerweise aus einer großen Zahl von Komponenten, deren Interaktionen nur schwer zu durchschauen sind. Zwar sind in den meisten Fällen die Mechanismen auf der Mikroebene bekannt; dennoch ergeben sich auf der Makroebene oftmals überraschende und nicht vorhersagbare Effekte. Ein illustratives Beispiel ist der Verkehrsstau: Obwohl sich die Aktionen auf der Mikroebene des Fahrzeugs mit einfachen Algorithmen beschreiben lassen und obwohl die Regeln der Interaktion zwischen den Fahrzeugen bekannt sind, ist es schwer, die Entstehung von Makrophänomenen wie Staus präzise vorherzusagen. Oftmals entstehen sie praktisch aus dem Nichts. Zudem entwickeln sie ein eigentümliches, emergentes Verhalten, das für den Beobachter häufig überraschend ist (vgl. Kapitel 2).[5]

Komplexe Systeme sind durch nichtlineare Interaktionen gekennzeichnet. So lässt sich erklären, warum sie schwer beherrschbar sind. Nichtlinearität entsteht unter anderem durch Rückkopplungsschleifen, wie sie etwa bei Klimaphänomenen bekannt sind: Der erhöhte Ausstoß von CO_2 trägt zum Treibhauseffekt bei, der die Permafrostböden in Si-

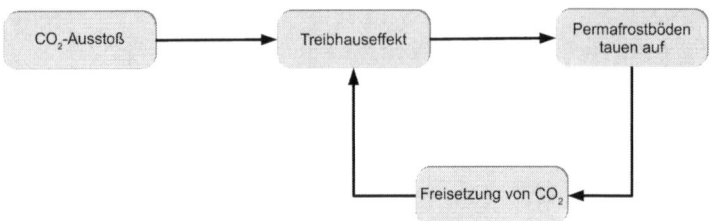

Abbildung 10: Nicht-Linearität am Beispiel des Treibhauseffekts (eigene Darstellung)

birien auftauen lässt. Dadurch werden große Mengen Methan und CO_2 freigesetzt, die ihrerseits den Treibhauseffekt beschleunigen (vgl. Abbildung 10). Derartige Prozesse sind rekursiv und irreversibel, zudem beschleunigen sie sich eigendynamisch.

Komplexe Systeme sind nur schwer zu beeinflussen beziehungsweise zu steuern. Eingriffe von außen führen oft zu unerwünschten beziehungsweise gegenteiligen Effekten oder verpuffen vollkommen. Diese Unvorhersehbarkeit des Verhaltens komplexer Systeme wie auch die Nichtkontrollierbarkeit der ablaufenden Prozesse sind wesentliche Merkmale, auf die die sozialwissenschaftliche Komplexitätsforschung immer wieder verweist.[6]

Charles Perrow hatte in seinem Buch *Normale Katastrophen* die viel diskutierte These aufgestellt, dass bestimmte Typen von Hochrisikosystemen, deren Prozesse eng gekoppelt und durch komplexe Interaktionen gekennzeichnet sind, nahezu zwangsläufig scheitern müssen. Dennoch erwartet die Gesellschaft von den Organisationen, die derartige Systeme (der Luftfahrt oder der Energieversorgung) betreiben, nicht nur eine hohe Leistung, sondern zugleich ein großes Maß an Sicherheit, Zuverlässigkeit und Fehlervermeidung.[7]

Damit stellt sich die Frage, wie Organisationen, die komplexe, hochtechnisierte Systeme betreiben, mit diesen zum Teil widersprüchlichen Erwartungen umgehen. Wie müssen sie strukturiert sein, damit sie den an sie adressierten Erwartungen gerecht werden, beispielsweise dafür zu sorgen, dass die Gesundheitsversorgung in Krankenhäusern auf einem hohen Niveau gewährleistet werden kann oder der Luftverkehr störungsfrei funktioniert? Wie funktionieren derartige Organisationen, wenn immer mehr autonome Technik im Spiel ist, deren Zweck es ist, die Abläufe zu vereinfachen und Entscheidungen zu unterstützen, die aber das Problem der Intransparenz und Komplexität zusätzlich verschärft? Und wie können sie auch in Zukunft einen sicheren Betrieb komplexer soziotechnischer Systeme gewährleisten, wenn sämtliche Prozesse in Echtzeit ablaufen?

Der folgende Abschnitt beleuchtet zunächst anhand einiger Fallbeispiele die Risiken komplexer Systeme, die sich unter anderem als Folgen von Digitalisierung und Automatisierung ergeben. Dies legt die Grundlage dafür, im nächsten Abschnitt die Frage aufzugreifen, wie eine Organisation beschaffen sein muss, die ihre Mitglieder in die Lage versetzt, in kritischen Situationen das Richtige zu tun.

Beispiel 1: Air France AF-447

Am 31. Mai 2009 startete ein Airbus A330 von Rio de Janeiro nach Paris mit 216 Passagieren und zwölf Crewmitgliedern an Bord, davon drei Piloten im Cockpit, wie es bei Langstreckenflügen üblich ist. Nach Mitternacht schaltete sich beim Durchfliegen eines tropischen Gewittersturms der Autopilot ab, weil die Pitotrohre vereist waren und widersprüchliche Geschwindigkeitsangaben lieferten – ein nicht ungewöhnlicher und keineswegs kritischer Vorgang, der den Piloten bekannt gewesen sein muss.[8] Zu diesem Zeitpunkt hatte sich der Kapitän bereits zur Ruhe begeben und die beiden Copiloten im Cockpit zurückgelassen, ohne zuvor eine Strategie zur Durchquerung des Gewittersturms abzusprechen. Zudem hatte er versäumt, die Autoritätsverhältnisse im Cockpit zu regeln, also unmissverständlich festzulegen, ob der »pilot flying« (PF) oder der »pilot nonflying« (PNF) die Aufgaben des Kapitäns übernehmen sollte. Das sollte sich als fatal erweisen und hat maßgeblich zum Absturz des A330 beigetragen.

Als sich der Autopilot abschaltete, übernahm der PF die manuelle Steuerung. Seine Strategie zum Umgang mit dem Gewittersturm bestand darin, die riskante Zone zu überfliegen. Das war nicht unproblematisch, weil in Höhen von 12 000 Metern die Luft »dünn« ist und das Flugzeug nicht mehr trägt. Aber dieses mentale Bild hat sein Handeln maßgeblich gesteuert, nämlich die »Nase« des Flugzeugs immer weiter hochzuziehen und auch die Warnung zu ignorieren, die einen fatalen Strömungsabriss (»stall«) ankündigt. (Je steiler der Anstellwinkel wird, desto langsamer wird ein Flugzeug – bis zu dem Punkt, an dem die Strömung an den Flügeln abreißt. Dies vermindert den Auftrieb und schränkt die Manövrierfähigkeit stark ein.) Der rapide Geschwindigkeitsverlust war letztlich der technische Grund für den Absturz des A330.

Fatal war noch etwas anderes: Die Crew verließ sich blind darauf, dass der Bordcomputer eines Airbus-Jets riskante Flugzustände erkennt und stets zuverlässig verhindert, dass man kritische Grenzen überschreitet. Der Bordcomputer hatte jedoch längst auf »alternate law« umgeschaltet. Dieser Modus lässt den Piloten zwar größere Freiheiten, bietet aber auch weniger Sicherungen. Die Piloten hatten das Umschalten in diesen Zustand, der eine erhöhte Wachsamkeit erfordert hätte, offenkundig nicht registriert.

Was hätte die Crew in dieser Situation machen können beziehungsweise machen müssen? Wie ein pensionierter Lufthansa-Pilot berichtet, der den Flugzeugtyp lange Zeit geflogen ist, wäre es durchaus möglich gewesen, diese Situation zu meistern.[9] Ähnlich äußert sich der offizielle Untersuchungsbericht. Man hätte in den entscheidenden zwei Minuten, als der Autopilot sich abgeschaltet hatte und das Display irreführende Daten anzeigte, auf manuelle Steuerung umschalten und stur geradeaus fliegen müssen. Denn die Flugdaten belegen, dass das Flugzeug sich zu keiner Zeit in einer außergewöhnlichen Situation befunden hat. Alle anderen Flugzeuge, die in dieser Nacht die gleiche Route geflogen sind, sind unbeschadet angekommen.

Es erstaunt, dass die Crew nicht in der Lage war, ein Flugzeug zwei Minuten lang manuell zu fliegen. Konkret hätte das bedeutet, dass der PF die Maschine fliegt und der PNF sich um die Fehlerdiagnose und -behebung kümmert. Der Grund ist verblüffend einfach – und tragisch zugleich: Die Crew war auf diesen Fall schlecht vorbereitet und wurde von der Situation überrascht. Sie hatte keine gemeinsam erarbeitete Strategie. Vor allem der PF, der die Maschine steuerte, agierte von Angst und Stress getrieben. Die mentalen Kapazitäten waren so stark absorbiert, dass die Crew nicht zu einem kontrollierten Krisenmanagement in der Lage war. In dieser Situation wurde grundlegendes fliegerisches

Wissen ignoriert, beispielsweise den Anstellwinkel und die Geschwindigkeit des Flugzeugs am Primary Flight Display abzulesen.

Dennoch bleibt die Frage, warum eine Crew in einer Situation, die man gut hätte meistern können, derart die Kontrolle über ihr Flugzeug verloren hat. Die Antwort lautet wie in vergleichbaren Fällen: mangelnde Kommunikation und unzureichendes Training. Das Problem des Strömungsabrisses wird zwar in den ersten Flugstunden trainiert, aber nur in Bodennähe, nicht in großen Höhen und erst recht nicht im Modus »alternate law«. Dass es auch in 12 000 Metern Höhe zu einem Strömungsabriss kommen kann, gehörte offenkundig nicht zu dem Wissen, das die Piloten in dieser Stresssituation abrufen konnten. Sie hatten nicht verstanden, in welche kritische Lage sie ihr Flugzeug durch ständiges Hochziehen der »Nase« gebracht hatten. Und sie haben nicht ausreichend kommuniziert und so versäumt, ein gemeinsames Lagebild und eine abgestimmte Strategie zu entwickeln, die sie in die Lage versetzt hätte, in dieser Krisensituation besonnen zu handeln. Den Kapitän trifft eine große Schuld, denn die unklaren Autoritätsverhältnisse im Cockpit hatten zur Folge, dass der PF neben seiner eigentlichen Aufgabe, das Flugzeug zu fliegen, auch durch die Probleme abgelenkt war, die der PNF beim Ablesen von Meldungen des Diagnose- und Warngeräts hatte. Eine klare Rollenverteilung im Cockpit hätte die Lage wesentlich vereinfacht.

Die Ergebnisse des Untersuchungsberichts sind erschütternd. Sie stehen im Widerspruch zu Mutmaßungen, die in den Jahren nach dem Unfall in der Presse geäußert wurden, bevor der Flugschreiber gefunden wurde. Der Unfall wurde auf die bekannten Tücken der Automation zurückgeführt: dass der Autopilot sich wegen der vereisten Pitotrohre abgeschaltet und den Piloten die unmögliche Aufgabe übertragen hatte, ein instabiles Flugzeug ohne Information über Flugzustand, Geschwindigkeit etc. durch einen tropischen Gewittersturm zu manövrieren. Wenn man dem offiziellen Untersuchungsbericht Glauben schenkt, ist diese Interpretation unhaltbar.[10]

Vor dem Hintergrund der Frage nach der Beherrschbarkeit komplexer Systeme zeigt der Absturz der Air-France-Maschine mehrere Facetten: Zum einen wird deutlich, dass moderne Gesellschaften es sich angewöhnt haben, im Vertrauen auf das Funktionieren automatisierter

Systeme Grenzen zu überschreiten, und beispielsweise interkontinentale Nachtflüge durch Tropengewitter durchführen. Die Erwartung hoher Sicherheit – und damit das Risiko – sind also gestiegen, vor allem aber der Zeitdruck, denn das Krisenmanagement muss simultan während des Betriebs erfolgen.

Zum anderen wird deutlich, dass Piloten in der Lage sein müssen, in kritischen Situationen »automatisch« auf manuelle Steuerung umzustellen – eine Fähigkeit, die offenkundig verloren gegangen ist. Und schließlich muss jede Cockpitbesatzung vor und während eines Flugs ein gemeinsames Lagebild und eine Strategie zum Umgang mit Krisensituationen entwickeln. Es bedarf also einer gut funktionierenden Kommunikation im Team, aber auch in der betreffenden Organisation. Wichtig ist es daher, eine Sicherheitskultur zu schaffen, die die benötigten Fähigkeiten fördert und regelmäßig trainiert. So werden die Crews befähigt, kritische Situationen erfolgreich zu bewältigen. Dies gilt in besonderem Maße für hochautomatisierte Flugzeuge, in denen das Störfallmanagement unter hohem Zeitdruck erfolgen muss.

Beispiel 2: Das Flugzeugunglück bei Überlingen 2002

Das zweite Beispiel stammt ebenfalls aus dem Bereich der Luftfahrt. Und das Unglück ereignete sich wiederum nachts. Es beleuchtet zum einen das Zusammenspiel von menschlichen Entscheidern und automatisierten Warn- und Assistenzsystemen, zum anderen die Organisation des Risikomanagements im Luftraum, die Thema dieses Abschnitts ist.

In der Nacht des 1. Juli 2002 stießen über dem Bodensee bei Überlingen ein russischer Ferienflieger und ein DHL-Frachtflugzeug zusammen. Beide waren mit einem intelligenten Kollisionsvermeidungssystem namens TCAS (Traffic Alert and Collision Avoidance System) ausgerüstet. Dieses warnt die Piloten, wenn eine gefährliche Annäherung droht, und generiert durch Koordination mit dem TCAS des anderen Flugzeugs automatisch einen Vorschlag zur Konfliktlösung: ein Flugzeug soll in den Steigflug, das andere in den Sinkflug gehen. Als eine zentrale Unglücksursache stellte sich bei den Untersuchungen heraus, dass die Piloten der russischen Maschine widersprüchliche Anweisungen erhalten hatten: Während TCAS, das sich automatisch mit der anderen Maschine koordinierte, empfahl, in den Steigflug zu gehen, gab der Fluglotse am Boden genau das entgegengesetzte Kommando, nämlich eine Sinkfluganweisung.[11]

Wie in vielen derartigen Fällen hatte das Unglück nicht nur eine Ursache, sondern resultierte aus einer tragischen Verkettung mehrerer Faktoren.[12] Eine fatale Rolle haben Organisationsmängel bei Skyguide gespielt, dem Betreiber der Züricher Flugsicherung, die für den Luftraum über dem Bodensee zuständig war. In der Nacht waren Wartungsarbeiten in Gang, für die ein wichtiges Alarmsystem abgeschaltet werden musste. Das war jedoch dem Fluglotsen nicht bekannt. Auch war das Telefon für einige Minuten außer Betrieb, sodass ihn ein Karlsruher Kollege, der die Konfliktsituation auf seinem Radar erkannte hatte, telefonisch nicht erreichen konnte. Zudem war der Züricher Fluglotse dadurch abgelenkt, dass er die Landung eines weiteren Flugzeugs auf dem nahegelegenen, nachts aber nicht besetzten Flugplatz Friedrichshafen aus der Ferne überwachen musste und dafür auf eine andere Funkfrequenz umgeschaltet hatte.

Das alles wäre kein Problem gewesen, wenn mehr Personal vorhanden gewesen wäre. Skyguide hatte jedoch die Besatzung des Züricher Towers nachts von drei auf zwei Personen reduziert. Trotzdem hatte man die Regel beibehalten, dass in verkehrsschwachen Zeiten sich einer der Fluglotsen zur Ruhe begeben darf. Diese Regel war insofern fatal, als in der Nacht des 1. Juli 2002 lediglich ein Fluglotse an seinem Arbeitsplatz im Tower präsent war. Dieser war mit der unmöglichen Aufgabe konfrontiert, in einem nur teilweise funktionsfähigen System mehrere Operationen zugleich durchzuführen. Zudem blieben ihm lediglich 50 Sekunden Zeit, um den sich anbahnenden Konflikt zu lösen. Mitten in der Nacht musste er abrupt vom Routine- in den Notfallmodus umschalten.

Handelt es sich um einen menschlichen Fehler oder um Systemversagen? Zweifellos hat ein Mensch am Ende einer verhängnisvollen Kette von Ereignissen einen Fehler gemacht. Er bezahlte dies mit seinem Leben, denn er wurde vom Vater eines der getöteten russischen Kinder ermordet. Aber die wahren Ursachen des Unglücks liegen am Anfang der Kette: im Organisationsversagen von Skyguide und im Zeitdruck, den die Digitalisierung und Automatisierung der Flugsicherung mit sich bringt. Ein zusätzlicher Grund für diese Verwirrung am nächtlichen Himmel war eine widersprüchliche Organisation des Risikomanagements im Luftverkehr. Sie machte es dem Fluglotsen und den beiden Crews unmöglich, die kritische Situation zu bewältigen.

Die Steuerung des Luftverkehrs basierte seit den 1960er-Jahren auf einem hierarchischen Modus der zentralen Kontrolle. Sie wurde vom Fluglotsen exekutiert und von den Piloten blind befolgt.[13] Blind im wahrsten Sinne des Wortes, denn ein Pilot hatte bis zur Einführung von TCAS an Bord des Flugzeugs kein Instrument, mit dem er sich ein eigenes Lagebild hätte verschaffen können. In den 1970er-Jahren wurde in den Vereinigten Staaten TCAS als eine Art Kollisionsschutz für den Nahbereich entwickelt. Hintergrund war die Zunahme von Beinahekollisionen sowie tragischen Unglücke in überfüllten Lufträumen. Dieses System gehört seit 1994 in den USA und seit 2000 in Europa zur Pflichtausstattung von Verkehrsflugzeugen. TCAS ist ein hochentwickeltes technisches Assistenzsystem, das dem Piloten erstmals ein unabhängiges Lagebild verschafft. Zudem ermöglicht es eine dezentrale Koordination zweier Flugzeuge im Luftraum, die ihre Ausweichmanöver untereinander, aber nicht mit dem Fluglotsen abstimmen.

TCAS unterstützt den Piloten bei der Wahl einer Handlungsalternative, nimmt ihm aber die Handlung nicht ab. Der automatisch generierte, mit dem anderen Flugzeug koordinierte Vorschlag zur Konfliktlösung muss von den Piloten umgesetzt werden. Dabei sieht die in amerikanischen Flugzeugen praktizierte Sicherheitskultur vor, dass in einer Notsituation, die durch die Aktivierung von TCAS entstanden ist, der Pilot blind den Anweisungen des technischen Systems folgt und die Kommandos des Fluglotsen ignoriert, weil man unterstellt, dass TCAS nur aktiv wird, wenn der Fluglotse eine kritische Annäherung zweier Flugzeuge übersehen hat.

An Bord russischer Flugzeuge existierte hingegen eine andere Sicherheitskultur, die sich ebenfalls in Übereinstimmung mit den damaligen – mittlerweile geänderten – Vorgaben der internationalen Luftfahrtorganisation ICAO befand: Hier hatte der Fluglotse die oberste Autorität, weil nur er den vollständigen Überblick über den gesamten

Luftraum besitzt. TCAS hingegen galt als unzuverlässig und lückenhaft, weil beispielsweise Frachtflugzeuge oder kleinere Passagierflugzeuge nicht verpflichtet waren, dieses System als Standardausrüstung an Bord zu haben. Man musste also immer davon ausgehen, dass sich weitere Flugzeuge im Luftraum befinden könnten, die von TCAS nicht entdeckt werden konnten.

Die Implementation eines neuen Sicherheitssystems (TCAS) parallel zu dem bestehenden System der traditionellen Flugsicherung hatte neuartige Unsicherheiten und Risiken produziert. Diese resultierten zum einen daraus, dass TCAS nicht störungsfrei funktionierte, sondern immer wieder Fehlalarme auslöste, was den Piloten zu erhöhter Aufmerksamkeit zwang. Zum anderen waren nun im Luftraum zwei miteinander nicht vernetzte Sicherheitssysteme im Einsatz, die nach völlig unterschiedlichen Steuerungslogiken operierten: dem Modus der zentralen Kontrolle beziehungsweise dem der dezentralen Selbstkoordination.

Dieses Nebeneinander zweier technischer Systeme, die unterschiedliche Sicherheitsphilosophien enthalten, führt zu neuartigen Entscheidungsproblemen: Früher musste der Pilot die Frage beantworten, ob sich ein anderes Flugzeug auf Kollisionskurs befand (Entscheidung 1. Ordnung); heute muss er die Entscheidung fällen, welchem der beiden Systeme, die ihn vor einer möglichen Kollision warnen, er vertrauen und Folge leisten soll (Entscheidung 2. Ordnung). Trotz hochgradig automatisierter Prozesse erleben wir hier also eine geradezu paradoxe Rückkehr des menschlichen Entscheiders in Prozesse, die sich auf einem höheren Level der Unsicherheit und der Zeitknappheit abspielen als zuvor. Der radikale Wechsel der Sicherheitsarchitektur in der Luftfahrt führt zu schwer lösbaren Konflikten.

Bei der Kollision über dem Bodensee spielte eine Reihe von Faktoren eine Rolle, deren zufälliges Zusammentreffen die Katastrophe auslöste. Zentrale Ursache war jedoch Organisationsversagen aufseiten der Schweizer Flugsicherung Skyguide, vor allem aber in der Organisation des internationalen Luftraums, in dem eine neu eingeführte Sicherheitstechnik zusätzliche Risiken produziert hatte. Aus dem Unfall über dem Bodensee hat man die Lehre gezogen, die Verfahren bei gefährlichen Annäherungen im Luftraum international zu standardisieren. TCAS trägt seitdem zuverlässig dazu bei, Kollisionen zu vermeiden. Trotz gelegentlicher Fehlalarme ist das System bei Piloten beliebt, weil es ihnen einen unabhängigen Überblick über den Luftraum verschafft und sie sich nicht mehr blind auf den Fluglotsen verlassen müssen.

Zusammenfassend kann man aus dem Flugzeugunglück über dem Bodensee folgende Lehren für das Risikomanagement in kritischen Infrastruktursystemen ziehen: Organisationen, die Echtzeitsysteme betreiben, müssen eine erhöhte Wachsamkeit entwickeln, um kritische Situationen rechtzeitig erkennen und entsprechende Maßnahmen einleiten zu können. Zudem ist die Einführung neuer Technik – selbst solcher, die zur Bewältigung bekannter Risiken eingesetzt wird – mit neuen, teils schwer antizipierbaren Risiken verbunden, die wiederum weniger technischer Art sind, sondern eher die Koordination der Akteure betreffen. Die Organisationen, die ein kritisches Infrastruktursystem in Echtzeit betreiben, müssen sich dieser Risiken bewusst sein.

Beispiel 3: Fukushima 2011

Der nukleare GAU im Atomkraftwerk Daiichi nahe Fukushima verweist auf ähnliche Aspekte, die wiederum in der Organisation des Risikomanagements zu suchen sind. Der GAU wurde ausgelöst durch ein starkes Seebeben am 11. März 2011, das einen Tsunami nach sich zog. Mit bis zu 15 Meter hohen Wellen überflutete er das an der Ostküste Japans gelegene Kraftwerk, weil dessen Schutzmauern zu niedrig waren. Die sechs Reaktoren hatten sich zu diesem Zeitpunkt bereits automatisch abgeschaltet.[14]

Zunächst hatte die Atomanlage sowohl das Erdbeben als auch den Tsunami überstanden. Die Überflutung hatte lediglich die externe Stromversorgung sowie Teile der Notstromversorgung und der Kommunikationseinrichtungen zerstört. Es wäre daher durchaus möglich gewesen, den GAU zu vermeiden, wenn man rasch dafür gesorgt hätte, dass die Stromversorgung wieder funktioniert und die Reaktorblöcke ausreichend gekühlt werden. Bis zur Kernschmelze am 13. März und der Freisetzung von Radioaktivität vergingen ganze zwei Tage, in

Risikomanagement komplexer Systeme

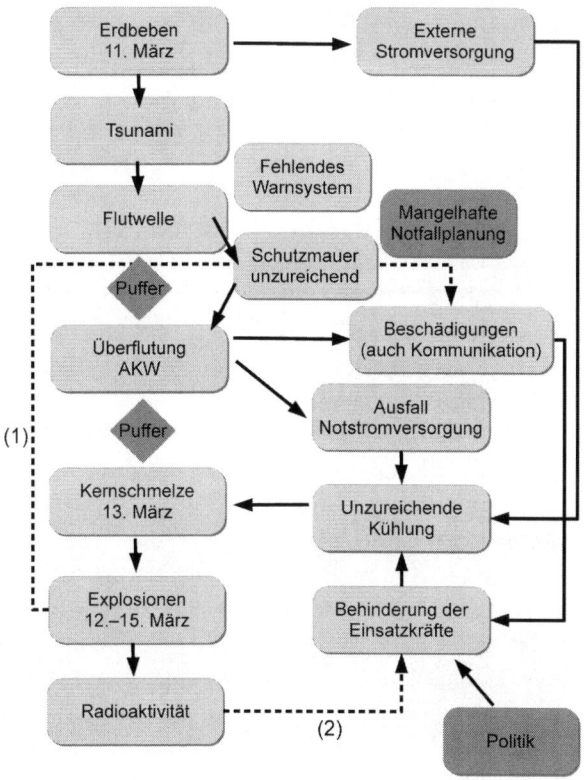

Abbildung 11: Abläufe in Fukushima im März 2011 (eigene Darstellung)

denen zu wenig getan wurde, um den GAU zu vermeiden. Das ist die bittere Lehre aus Fukushima, die im Widerspruch zu Perrows These der normalen Katastrophen (dazu später mehr), aber auch zur öffentlichen Wahrnehmung nicht beherrschbarer Risiken der Atomkraft steht.

Dass ein angemessenes Krisenmanagement nicht zustande kam, hat wie immer mehr als eine Ursache: Im Vorfeld war versäumt worden, höhere Schutzmauern zu errichten und die Atomanlage an das Tsunami-Warnsystem anzuschließen. Damit hatte man leichtsinnig auf Puffer verzichtet, die die Folgen des Tsunamis hätten abmildern können, und so den eigenen Handlungsspielraum eingeschränkt (vgl. Abbildung 11). Es gab ferner nur unzureichende Notfallplanungen, die insbesondere die Möglichkeit paralleler Unglücke in mehreren Reaktorblöcken nicht berücksichtigt hatten. Maßnahmen zur schnellen Wiederherstellung der Stromversorgung wurden daher nicht ergriffen, als es noch gefahrlos möglich gewesen wäre. Insgesamt wurden zu wenige Einsatzkräfte mobilisiert. Tepco, der Betreiber der Anlage, war auf dieses Katastrophenszenario, den »worst case«, nicht vorbereitet. Hinzu kamen politische Interventionen seitens der japanischen Regierung, die verhinderten, dass rasch umfassende Maßnahmen zur Störfallbehebung (auch unter Nutzung von Angeboten aus dem Ausland) in die Wege geleitet wurden.

So verstrich bis zur Kernschmelze am 13. März wertvolle Zeit. In diesen zwei Tagen hätte die Katastrophe aufgehalten werden können. Nach der Kernschmelze nahmen die Dinge jedoch ihren verhängnisvollen Lauf. Die beiden gestrichelten Pfeile in Abbildung 11 zeigen die Rückkopplungsschleifen, durch die sich das Szenario irreversibel beschleunigte: Explosionen von Knallgas (Wasserstoff) in mehreren Reaktorblöcken zwischen dem 12. und dem 15. März beschädigten die Anlage, aber auch die Kommunikationseinrichtungen zusätzlich, was die Einsatzkräfte behinderte. Die Reaktoren wurden zudem nicht mehr ausreichend gekühlt. Das beschleunigte die Kernschmelze (1. Feedback-Schleife). Die dadurch freigesetzte Radioaktivität behinderte die Einsatzkräfte zusätzlich und löste damit einen verhängnisvollen Ablauf aus, der unaufhaltsam in die Katastrophe führte (2. Feedback-Schleife).

Zusammenfassend kann man also feststellen, dass das Unglück in Fukushima seine Ursache vor allem in der mangelhaften Vorbereitung und Planung für den Ernstfall hatte. Tepco hatte sich offenbar nicht hinreichend auf den »worst case« vorbereitet und das Szenario, das sich im März 2011 abspielte, weder gedanklich antizipiert noch in Simulationen durchgespielt. So hätte man die Schwachstellen möglicherweise vorab identifizieren können, etwa die zu niedrigen Schutzmauern oder die (schwer nachvollziehbare) Platzierung der dieselbetriebenen Notstromaggregate im Keller der Gebäude statt in höhergelegenen Geschossen. Auch war der Ernstfall offenbar nicht hinreichend trainiert worden, so dass die Einsatzkräfte es nicht vermochten, in den entscheidenden zwei Tagen zwischen dem Tsunami und dem Einsetzen der Kernschmelze die Kommunikationseinrichtungen, aber auch die Notstromversorgung wiederherzustellen. Der Unfall in Fukushima verweist also auf ein Versagen der Organisation Tepco, die nicht imstande gewesen war, die spezifischen Risiken des Hochrisikosystems Atomkraftwerk in ihrem Krisenmanagement ausreichend zu berücksichtigen.

Beispiel 4: Deepwater Horizon 2010

Auch das vierte Fallbeispiel weist in eine ähnliche Richtung. Am 20. April 2010 explodierte die Ölplattform Deepwater Horizon im Golf von Mexiko. Aus einer frisch erschlossenen Ölquelle strömte explosionsartig Gas aus (»blowout«). Elf Menschen kamen bei der Explosion ums Leben. In der Folge entwickelte sich eine gigantische Umweltkatastrophe, bei der 800 Millionen Liter Öl ins Meer flossen. Das Leck konnte erst am 16. Juli 2010 geschlossen werden. Die Firma Transocean hatte im Auftrag von BP mit der Deepwater Horizon eine Tiefseebohrung in 6 000 Metern Tiefe durchgeführt und war dabei auf eine lukrative Ölquelle gestoßen.

Um die Vorgänge zu verstehen, muss man sich einige technische Details einer Tiefseebohrung vergegenwärtigen (vgl. Abbildung 12). Das Bohrgestänge trifft in einigen 1 000 Metern Tiefe auf den Meeresboden und bohrt dort einen senkrechten, wiederum mehrere 1 000 Meter tiefen Schacht, der sukzessive mit einem System ineinander verschachtelter, sich nach unten verjüngender Röhren ausgekleidet wird. Die Zwischenräume werden mit Zement versiegelt. Zudem wird beim Erreichen der ertragreichen Schichten am Ende des Bohrlochs ein Zementpfropfen gesetzt. Denn die Deepwater Horizon war eine Explorationsplattform, die potenzielle Ölquellen lediglich erkunden sollte, die eigentliche Förderung des Öls jedoch anderen Plattformen überließ.

Ein wichtiges Element der Sicherheitsstrategie ist der sogenannte Blowout-Preventer (BOP) – ein gigantisches Ventil, das im Notfall das Fördergestänge durchtrennt und das Bohrloch automatisch verschließt. Zudem können über spezielle Röhrensysteme (»kill line«) Materialien nach unten befördert werden. Gebohrt wird mit einem Bohrgestänge, das sich in dem Röhrensystem befindet und später durch die Produktionsröhre ersetzt wird. Dabei kommt ein spezieller Bohrschlamm zum

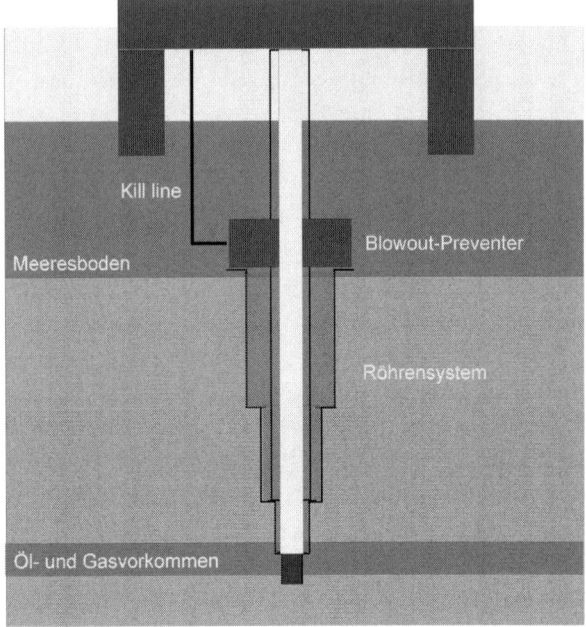

Abbildung 12: Funktionsprinzip einer Ölbohrplattform
(nach National Commission 2011, S. 103)

Einsatz, der nicht nur die Bohrung kühlt, sondern auch dafür sorgt, dass das Material im Bohrloch zirkuliert. Denn nur so kann das gelöste Gestein nach oben transportiert werden. Der Bohrschlamm dient auch dazu, den Druck und damit die Dichtigkeit des Bohrlochs zu messen. Ein »lost return« – also eine Differenz zwischen dem, was hineingepumpt und anschließend wieder nach oben gefördert wird – ist ein Alarmsignal, weist es doch auf eine undichte Stelle im Bohrloch hin.

Auf der Deepwater Horizon wurden eine Menge Fehler gemacht, die sich zu einer gigantischen Katastrophe aufschaukelten: Um das Röhrensystem zu zentrieren, wurden lediglich sechs statt der vorgeschriebenen 21 Zentrierkörbe verwendet. Bei dieser Entscheidung spielte Zeitdruck eine große Rolle. Bei der Montage der Produktionsröhre, die in den fertigen Bohrschacht eingesetzt wird, gab es große Versäumnisse. Fehlerhafte Angaben eines defekten Druckmessgerätes wurden schlicht weginterpretiert. Bei der Anfertigung des Zementpfropfens wurde zu wenig und nicht ausreichend getesteter Zement verwendet. Außerdem wurde mit zu wenig Druck gearbeitet, sodass nicht sichergestellt werden konnte, ob der Zementpfropfen am richtigen Platz war. Dabei hat die Angst vor dem Aufbrechen eines möglicherweise instabilen Bohrlochs eine große Rolle gespielt. Die widersprüchlichen Daten, welche die anschließenden Drucktests lieferten, wurden ignoriert. Schließlich wurden die Warnsignale kurz vor dem »kick« nicht ernst genommen.

Auch hier stellt sich die Frage, wie das auf einer Ölbohrplattform passieren konnte. Da deren Betrieb mit einem hohen Risiko verbunden ist, erwartet man von der Crew eine erhöhte Wachsamkeit. Der Bericht der Untersuchungskommission, die der US-Präsident eingesetzt hatte, sieht hingegen »systemische Fehler im Risikomanagement« als eine der wesentlichen Ursachen der Katastrophe, die ihrer Einschätzung zufolge vermeidbar gewesen wäre. Sie attestiert den beteiligten Organisationen eine mangelnde Sicherheitskultur und eine Selbstgefälligkeit, die dazu führte, dass man sich in falscher Sicherheit wähnte. Zudem verweist der Bericht darauf, dass »Entscheidungen durch das BP-Team in einer Ad-hoc-Manier und ohne eine formale Risikoanalyse vorgenommen worden sind«.[15]

Die Katastrophe der Deepwater Horizon verweist aber auch auf das Phänomen der fehlerhaften mentalen Modelle. Bei einer Ölbohrplattform gibt es keinen direkten Zugang zu Informationen vor Ort – weder analog noch digital. Das einzige »Messinstrument«, das dem Team zur Verfügung steht, um zu verstehen, was sich in mehreren 1 000 Metern Tiefe abspielt, ist der Bohrschlamm, genauer: der Druck, der mithilfe des Bohrschlamms gemessen wird. Dieser ist also Arbeitsgerät und Messgerät in einem. Das verlangt von der Crew Fingerspitzengefühl und viel Erfahrung, um die schwachen Signale richtig zu interpretieren. Da es an Bord einer Ölbohrplattform keine objektiven Fakten gibt, ist ein hohes Maß an Interpretations- und Deutungsarbeit erforderlich.

Hier wurden offenbar entscheidende Fehler gemacht, nicht nur individuelle, sondern auch kollektive Fehler. Ein Zitat aus dem Untersuchungsbericht verdeutlicht, dass das Bohrteam so lange nach Interpretationen für widersprüchliche Signale und Daten suchte, »bis sie *sich selbst überzeugt* hatten, dass ihre Annahmen richtig waren«.[16] Die fehlerhaften

Interpretationen entstanden also in den Köpfen der Mitarbeiter, ja *zwischen* den Köpfen der Beteiligten. Der Untersuchungsbericht macht jedoch auch deutlich, dass dies nicht lediglich ein Versagen des Bohrteams der Deepwater Horizon war. In der Kommunikation zwischen den beteiligten Firmen sowie in der Ausbildung und dem Training der Bohrteams, aber auch in der staatlichen Regulierung gab es erhebliche Defizite, die für das Unglück mit verantwortlich zu machen sind.

Organisationale Strategien des Umgangs mit Unsicherheit

Die vier Beispiele werfen die Frage auf, wie Organisationen beschaffen sein müssen, um auch in der Echtzeitgesellschaft ein hohes Maß an Sicherheit und Zuverlässigkeit zu gewährleisten. Was müssen sie tun, um derartige Katastrophen zu vermeiden? Welche Struktur und welche Sicherheitskultur müssen geschaffen werden? Und wie können die Mitglieder auf unerwartete Situationen vorbereitet werden, in denen ein kompetentes und flexibles Störfallmanagement erforderlich ist?

Eine Antwort lautet: Es wird ein intensiveres Training benötigt – typischerweise im Simulator –, das die Mitarbeiter in die Lage versetzt, derartige Situationen zu antizipieren und gedanklich durchzuspielen. Chesley Sullenberger, der 2009 einen verunglückten Airbus A320 sicher auf dem Hudson River gelandet hatte, ist ein Beispiel für einen Piloten, der sich sein Leben lang in unterschiedlichen Kontexten Wissen und Know-how erworben hatte, das ihm half, eine Notsituation souverän zu meistern, die kurz vor dem Ende seiner Dienstzeit erstmals eintrat. Als ehemaliger Kampfflieger war er es gewohnt, in Stresssituationen blitzschnell Entscheidungen zu fällen. Als Ausbilder und Sachverständiger hatte er ein vertieftes Systemwissen. Zudem war er darin geübt, außergewöhnliche Situationen gedanklich zu antizipieren. Und er war Segelflieger – ein Faktor, der bei der Notlandung mit zwei defekten Triebwerken eine entscheidende Rolle gespielt hat. Weder Air France noch BP oder Tepco haben genug getan, um ihre Mitarbeiter darauf vorzubereiten, in unerwarteten Situationen das Richtige zu tun.

Eine zweite Antwort, die sich vor allem auf die Beispiele aus der Luftfahrt bezieht, lautet: Gerade in Zeiten des hochautomatisierten Fliegens ist es extrem wichtig, dass Piloten über die Fähigkeit verfügen, blitzschnell in den manuellen Modus umzuschalten und ein Flugzeug einige Minuten selbst zu steuern. Wie Lufthansa-Ausbilder kritisch anmerken, sind Flugschüler zu sehr damit beschäftigt, den Autopiloten zu reparieren. Sie versuchen, ihm beizubringen, was er tun sollte, statt auf manuelle Steuerung umzuschalten und so Zeit zu gewinnen, um das Problem in Ruhe zu lösen. Wenn autonome Fahrzeuge vermehrt auf den Markt kommen, wird dieses Problem vermutlich auch in anderen Kontexten auftreten.

Eine dritte Botschaft lautet: Das gemeinsame Lagebild einer Crew ist eine wesentliche Voraussetzung für ein erfolgreiches Krisenmanagement. Es hilft, mit Nichtwissen und Unsicherheit umzugehen, und es bildet die Grundlage für ein flexibles Krisenmanagement, in dem jeder ein Maximum an Kräften mobilisieren kann, weil sie oder er instinktiv weiß, was die anderen wissen. Diese Fähigkeit zur kollektiven Improvisation wird vor allem in unerwarteten Situationen benötigt, für die es keine vorgefertigten Routinen gibt.[17]

Und viertens schließlich: Eine Organisation, die ein sicherheitskritisches System betreibt, muss eine Sicherheitskultur, vor allem aber eine Kultur der Achtsamkeit entwickeln, auf deren Grundlage sich die drei genannten Faktoren entwickeln und entfalten können. Die vier Fallbeispiele zeigen, wie wichtig es ist, den Mitarbeitern Spielräume für die Bewältigung von Unsicherheit vor Ort zu lassen, sie zugleich aber intensiv darin zu trainieren, mit unerwarteten Situationen flexibel und kreativ umzugehen. Diese Problematik wird sich in der Echtzeitgesellschaft verschärfen, da die Systeme komplexer und damit weniger durchschaubar werden. Die geringen zeitlichen Puffer und der dadurch entstehende Zeitdruck werden zudem die Handlungsspielräume der Akteure weiter einschränken.

Im Folgenden sollen diese aus den Fallstudien gewonnenen Erkenntnisse vertieft werden, indem mehrere Konzepte des organisationalen Umgangs mit Unsicherheit vorgestellt werden. Diese entstammen der sozialwissenschaftlichen Organisations- und Risikoforschung und unterscheiden sich in ihren theoretisch-konzeptionellen Grundannahmen, aber auch in ihren praktischen Handlungsempfehlungen. Dabei wird zu prüfen sein, ob diese Modelle Hinweise enthalten, wie das Management komplexer Systeme in der Echtzeitgesellschaft aussehen könnte.

Die organisationssoziologische Debatte der letzten 30 Jahre hat sich zwischen zwei konträren Polen bewegt, die unterschiedliche Ansätze zum Umgang mit Unsicherheit beinhalten: die Minimierung von Unsicherheit durch antizipative Planung und die Bewältigung von Unsicherheit durch flexibles Handeln vor Ort (vgl. Tabelle 7).[18]

Umgang mit Unsicherheit	*Minimierung* Vermeidung	*Bewältigung* Quelle von Lernprozessen	*Lose Kopplung* Kombination von beidem
Organisation als …	geschlossenes System (Fokus Stabilität)	offenes System (Fokus Flexibilität)	dynamische Balance von Stabilität und Flexibilität
Koordination durch …	zentrale Planung	dezentrale Selbstorganisation	flexibler Wechsel zwischen Planung und Improvisation
Autonomie/Kontrolle	zentral	lokal	Autonomie zweiter Ordnung

Tabelle 7: Drei Modi der Organisation (nach Grote 2009, S. 31)

Der erste Ansatz eignet sich insbesondere für geschlossene, mechanische Organisationen, deren Abläufe leicht vorhersehbar sind und deren Umwelt wenig turbulent ist. Hier gibt es eine zentrale Instanz, die vorab einen strategischen Plan entwirft, der im operativen Geschäft dann strikt abgearbeitet wird. Auf diese Weise soll jedwede Unsicherheit von vornherein eliminiert werden. Ein anschauliches Beispiel ist die Deutsche Bahn, die eine hohe Effizienz aufweist, wenn sie strikt nach Plan operieren kann. Allerdings zeigt dieses Beispiel auch die Schwächen zentraler Planung, die in der hohen Anfälligkeit für Störungen liegen.

Das Modell strategischer Vorabplanung ist keineswegs ein Relikt vergangener Tage. Es ist vielmehr gängige Praxis in Organisationen, in denen die Prozesse IT-gestützt ablaufen. Denn die Implementierung organisationaler Prozesse in Form von Software bedeutet nichts anderes, als dass die Abläufe vorab geplant werden und alle Eventualitäten im Design bereits berücksichtigt sind. Dies kann entweder bedeuten, dass die Software sehr umfangreich ist, weil sie eine große Zahl von Eventualitäten abbildet. Oder sie ist einigermaßen überschaubar, bietet aber in unerwarteten Fällen keine praktikable Lösung oder behindert sogar ein flexibles Umgehen mit Störungen, weil die Prozesse derart verriegelt sind, dass keine Spielräume für flexibles Handeln existieren (etwa im Fall des Lufthansa-Airbus, der 1993 in Warschau verunglückte).

Eine Automatisierung organisationaler Prozesse beinhaltet also immer die Unterstellung, dass die Organisation mechanisch funktioniert und zentral geplant werden kann – und dass zudem sämtliche Prozesse durch einen Soll-Ist-Abgleich kontrolliert werden können. Ein derartiger Kontrollwahn zeigt spätestens in nicht antizipierten Situationen seine Schwächen, wenn sich die Grenzen des Wissens auftun und flexible Strategien des Umgangs mit Nichtwissen gefragt sind.

Wenn Organisationen künftig verstärkt im Echtzeitmodus operieren, benötigen sie andere Organisationsstrukturen und andere Formen der Koordination und Planung, die ihnen ein flexibles Krisenmanagement ermöglichen. Hier kommt der zweite Ansatz zum Umgang mit Unsicherheit ins Spiel. Dieser akzeptiert die Tatsache, dass vielfältige Unsicherheiten bestehen, die nicht vorab weggeplant werden können, sondern im praktischen Handeln am Ort des Geschehens bewältigt werden müssen. Unsicherheit wird hier also durchaus als Chance gesehen, als mögliche Quelle von Lernprozessen und Innovationen. Um in schwer planbaren Situationen und unter hohem Zeitdruck flexibel agieren zu können, benötigen die Operateure die erforderlichen Ressourcen für situationsadäquate Entscheidungen und Handlungen sowie das nötige Erfahrungswissen.[19] Dieser Ansatz setzt also auf lokale Autonomie und ein wesentlich geringeres Maß an Kontrolle. Die Planung vollzieht sich viel stärker dezentralisiert. Dies verträgt sich jedoch nicht mit Automationsstrategien, die auf eine weitgehende Verdrängung oder Ersetzung des Menschen zielen. Der Mensch ist in einem derartigen Szenario vielmehr die wichtigste Ressource, die das reibungslose Funktionieren eines komplexen Systems auch in nicht antizipierten Situationen gewährleistet.

Allerdings bleibt die Frage offen, ob man ein komplexes, sicherheitskritisches System ausschließlich mit Verfahren der dezentralen, flexiblen Selbstorganisation (zum Beispiel Schwarmintelligenz) betreiben kann oder ob nicht doch ein Minimum an Abstimmung und Planung erforderlich ist. Schwärme können in die falsche Richtung fliegen und Ergebnisse produzieren, die wir als nicht akzeptabel betrachten. Das Unglück bei der Loveparade 2010, die immer wiederkehrenden krisenhaften Zuspitzungen an den Finanzmärkten, aber auch der alltägliche Verkehrsstau seien als Beispiele für emergente Effekte schwarmförmigen Verhaltens zitiert, die wir zu verhindern wünschen.

Hier setzt das Konzept der losen Kopplung von Karl Weick an, das die Stärken der beiden Ansätze bündelt.[20] Sein Ansatz, Planung und Selbstorganisation zu kombinieren, zielt auf die Fähigkeit einer Organisation, unterschiedliche Modi des Umgangs mit Unsicherheit zu beherrschen und zwischen ihnen wechseln zu können (vgl. Tabelle 7). Lose Kopplung bedeutet, eine produktive Balance zwischen Stabilität und Flexibilität zu finden. Die Integration dieser scheinbar widersprüchlichen Anforderungen geschieht durch eine starke Organisationskultur, die den Organisationsmitgliedern die nötigen Orientierungen vermittelt und ihr lokales Handeln an die globalen, konsentierten Ziele rückbindet. Dazu benötigen sie jedoch eine Autonomie zweiter Ordnung, die es ihnen nicht nur gestattet, in einer konkreten Situation autonom zu entscheiden, sondern auch mitzuentscheiden, wie die Rollen zwischen Mensch und Technik verteilt werden. Denn dies kann durchaus einen partiellen Autonomieverzicht beinhalten und eine Übertragung der Anlagensteuerung an automatisierte Technik.

Weicks Idee, verschiedene Modi des Managements komplexer Systeme zu kombinieren, erscheint vielversprechend mit Blick auf die Echtzeitgesellschaft. Denn die Echtzeitsteuerung soziotechnischer Systeme wird immer ein gewisses Maß an Vorabplanung erfordern, aber auch Spielräume für flexibles Handeln beinhalten.

Im Folgenden werden drei organisationssoziologische Ansätze vorgestellt, die Konzepte zum Risikomanagement in sicherheitskritischen Systemen entwickelt haben. Die dort untersuchten Hochrisikosysteme wie die Energieversorgung, die Flugsicherung oder die Steuerung von Atomkraftwerken, Flugzeugen und Chemieanlagen weisen bereits viele

Merkmale von Echtzeitsystemen auf, da Entscheidungen auf Basis von Echtzeitinformationen unter hohem Zeitdruck erfolgen müssen und die Risiken von Fehlentscheidungen hoch sind.

Normal Accidents Theory

Charles Perrow hatte mit seiner Normal Accidents Theory die Debatte in den 1980er-Jahren angestoßen und die – zuvor meist technisch ausgerichtete – Risikoforschung durch eine dezidiert organisationssoziologische Perspektive bereichert. Dies ist bei aller berechtigten Kritik Perrows große Leistung. Sein Ausgangspunkt waren die beiden Unfälle in Three Miles Island (1979) und Tschernobyl (1986). Perrow suchte die Unfallursachen nicht im menschlichen oder technischen Versagen, sondern rückte das Gesamtdesign des Systems mit dessen sozialen und technischen Komponenten in den Blick. Anders als die technische Sicherheitsforschung schaute er nicht primär auf Ausfallwahrscheinlichkeiten und Schadenshöhe, sondern auf die Interaktion der Systemkomponenten, die »Art und Weise, wie die Teile ineinandergreifen und interagieren«.[21]

Perrow stellte die provozierende These auf, dass Unfälle in komplexen technischen Systemen unvermeidlich seien, und verband das mit der Forderung, auf Hochrisikosysteme ganz zu verzichten, weil sie nicht beherrschbar seien. Perrow benutzt zwei Indikatoren zur Vermessung der Risiken komplexer technischer Systeme. Er unterscheidet zunächst eine lose von einer engen Kopplung der Systemkomponenten: Bei loser Kopplung existierten Puffer sowie Spielräume für alternative Verhaltensweisen (Beispiel Postamt). In eng gekoppelten Systemen sei diese Flexibilität hingegen nicht gegeben; die Betriebsabläufe seien weitgehend vorprogrammiert, sodass Abweichungen und Verzögerungen nur begrenzt möglich sind (Beispiel Schienenverkehr). Eng gekoppelte Systeme seien somit störanfälliger als lose gekoppelte Systeme.

Außerdem unterscheidet Perrow zwischen einer linearen und einer komplexen Interaktion der Systemkomponenten: Bei linearen Interaktionen sei der künftige Zustand des Systems aus den Ausgangsbedingungen ableitbar (Beispiel Fließband). Komplexe Interaktionen seien hingegen gekennzeichnet durch Rückkopplungen, das heißt die Ergebnisse eines Prozesses werden wiederum zum Input, was unkontrollierbare Selbstverstärkungen und Kettenreaktionen zur Folge haben kann (Beispiele Chemieanlage, Kernkraftwerk). Typisch seien auch Mehrfachfunktionen: Eine Komponente bedient mehrere Prozesse gleichzeitig, was im Falle einer Störung zu unerwarteten Interaktionen führen kann. Das Verhalten komplexer Systeme sei somit schwer durchschaubar und nur partiell vorhersehbar. Das Bedienungspersonal sei zudem meist auf indirekte Indikatoren angewiesen, wodurch die Steuerung und Kontrolle eines komplexen Systems zusätzlich erschwert werde. Das gelte insbesondere für den Störfall.

Durch Kreuztabellierung der beiden Dimensionen hat Perrow eine Vierfeldermatrix entwickelt, die vier Systemtypen unterscheidet, darunter eng gekoppelte *und* komplexe Systeme. Diese stuft er als Hochrisikosysteme ein. Man kann sie durchaus als Prototypen von Echtzeitsystemen begreifen. Denn sie zeichnen sich durch eine große Dynamik der ablaufenden Prozesse und eine hohe zeitliche Verdichtung aus. Perrow fordert, derartige Systeme entweder grundlegend zu verändern oder – wo dies nicht möglich ist – auf sie zu verzichten.

Bei genauerer Betrachtung erweist sich diese Vierfeldermatrix allerdings als unhaltbar. Perrows Kategorien sind nicht präzise und objektiv definiert, die Fallbeispiele haben eher illustrativen Charakter. Sein Wissen über die Risiken komplexer Systeme bezieht er im Wesentlichen aus der Analyse bereits eingetretener Unfälle, also ex-post – ein methodisch höchst fragwürdiger Zirkelschluss, der Systeme erst dann als riskant einstuft, wenn bereits ein Unfall passiert ist.

Auch die Zuordnung ganzer Branchen zu einem Quadranten des Schemas ist immer wieder kritisiert worden, verbunden mit der Forderung, das spezifische Risikomanagement in den jeweiligen Organisationen detaillierter zu analysieren. Atomwaffen (eng/komplex) seien nun einmal sicherer als Bergwerke (lose/linear), zumindest, wenn man Unfallstatistiken zu Rate zieht.[22]

Trotz aller Kritik ist die organisationssoziologische Perspektive, die Perrow in die Debatte um Hochrisikosysteme eingeführt hat, ein wertvoller Ansatz, den man nicht leichtfertig aufgeben sollte. Es ist offenkundig, dass Perrow sein Augenmerk vorrangig auf eine Seite der Medaille, nämlich das Design eines komplexen soziotechnischen Systems richtet, und nur selten auf die andere Seite schaut, das operative Krisenmanagement. Im Sinne der oben eingeführten Unterscheidung verfolgt er also eine Strategie der Minimierung von Unsicherheit durch Vorabplanung. Als radikalste Form der Planung kommt für ihn auch das Verbot von Hochrisikosystemen in Frage. Und dennoch wäre es falsch, lediglich auf die andere Seite der Medaille zu wechseln und Fragen des organisationalen Designs zu vernachlässigen.

Deshalb unterbreite ich hier einen alternativen Vorschlag, der auf einer systematischen Trennung der drei Ebenen System, Nutzer und Operator basiert (vgl. Tabelle 8). Das *System* besteht im Fall linearer Systeme aus trassenförmigen Pfaden mit wenigen Verzweigungen (Beispiel Schienennetz der Deutschen Bahn). Im Fall komplexer Systeme hat es typischerweise eine netzwerkförmige Architektur mit einer großen Zahl von vielfach verknüpften Kanten und Knoten (Beispiele Internet, Atomkraftwerk, Flugzeug, Chemieanlage). In komplexen Systemen sind somit Rückkopplungen möglich, etwa in Form einer Kettenreaktion, die schließlich zum GAU führt. In linearen Systemen ist der Störfall hingegen typischerweise der Stau.

		Lineares System	*Komplexes System*
System	Topologie	trassenförmige Pfade, wenige Verzweigungen	netzwerkförmige Architektur
	Rückkopplungen	nicht möglich	möglich
	Störungstyp	Stau	GAU
Nutzer	Wahlmöglichkeiten	wenige	viele
Operator	Eingriffsmöglichkeiten	wenige	viele
	Durchschaubarkeit	einfach	schwer
	Lokalisierung von Störungen	einfach	schwer
Beispiele		Fließband, Schienenverkehr	AKW, Flugzeug, Chemieanlage

Tabelle 8: Alternativkonzeption von Komplexität (eigene Darstellung)

Den *Nutzern* eröffnet die Topologie eines komplexen Systems eine große Zahl an Alternativoptionen (Beispiel Routing von E-Mails), was bei linearen Systemen meist nicht der Fall ist (Beispiel Zugverspätung). Die *Systemsteuerer* (Operator) schließlich können im Fall eines linearen Systems eine Störung leichter lokalisieren. Sie haben aber auch weniger Möglichkeiten, die Abläufe zu verändern als im Fall eines komplexen Systems. Letzteres ist zwar schwerer zu durchschauen, beinhaltet aber auch mehr Optionen.

Das Schema hat den Vorteil, objektive Dimensionen der Systemebene und subjektive Faktoren der Nutzer- beziehungsweise Operatorebene deutlich zu trennen und so den Komplexitätsbegriff besser handhabbar zu machen. Zudem verzichtet es auf normative Wertungen und versucht zunächst, objektive Maßstäbe zur Vermessung von Systemeigenschaften zu benennen.

Während Perrow den Begriff Komplexität meist im Sinne von Undurchschaubarkeit verwendet, steht für ihn »enge Kopplung« für Unausweichlichkeit oder Zwangsläufigkeit. Auch hier ist es sinnvoll, die Kategorien von normativem Ballast zu befreien und auf das Wesentliche zuzuspitzen (vgl. Tabelle 9). Mein Alternativvorschlag zur Konzeption des Risikoindikators »Kopplung« ist relativ schlicht und fokussiert auf räumliche oder zeitliche Puffer und Spielräume bei lose gekoppelten Systemen, die Veränderungen oder Verzögerungen der Abläufe möglich machen. Bei enger Kopplung breiten sich Störungen hingegen rasch aus, sodass wenig Zeit für die Krisenbewältigung bleibt.

		Lose Kopplung	*Enge Kopplung*
System	Puffer	vorhanden	kaum vorhanden, rasche Ausbreitung von Störungen
Nutzer und *Operator*	Spielräume	vorhanden	kaum vorhanden
	Abläufe	veränderbar	kaum veränderbar
	Verzögerungen	möglich	kaum möglich
Beispiele		Post, Handel, Schienenverkehr (1980)	eCommerce, Schienenverkehr (2018), AKW, Flugzeug

Tabelle 9: Alternativkonzeption von Kopplung (eigene Darstellung)

Diese Alternativkonzeption erlaubt es nunmehr, das Systemdesign zu betrachten und zu modellieren (dazu später mehr) und zugleich den Blick auf das operative Risiko-Management zu richten, also beide Seiten der Medaille angemessen zu berücksichtigen. Fehlfunktionen in komplexen Systemen könnten demnach ihre Ursache im konkreten Systemdesign haben. Aber dies müsste nicht zwangsläufig zur Katastrophe führen. Anders als Perrow es postuliert, hängt es auch von der Organisations- und Sicherheitskultur ab, ob die Systemsteuerer über Optionen eines flexiblen Risiko- und Krisenmanagements verfügen. Dies behauptet zumindest der Ansatz, der im folgenden Abschnitt dargestellt wird.

High Reliability Organizations

Perrows Modell erzeugte eine große Resonanz. Kritisch wurde allerdings die These der Normalität von Katastrophen diskutiert, denn es gibt einen bestimmten Typus von High Reliability Organizations (HRO), die komplexe, eng gekoppelte Systeme managen und Spitzenlasten unter Zeitdruck bewältigen, ohne dass es zu Katastrophen kommt. Derartige »perfekte« Organisationen seien zwar *theoretisch* unmöglich, sie funktionierten aber *in der Praxis* recht gut. Im Gegensatz zu fehlertoleranten Organisationen, die durch Versuch und Irrtum lernten, müssten HROs nahezu fehlerfrei arbeiten, da die Kosten von Irrtümern nicht akzeptabel seien. Die Flugsicherung, die Operationen eines Flugzeugträgers und der Betrieb eines Energieversorgungssystems dienen den kalifornischen Organisationssoziologen Todd LaPorte, Gene Rochlin und anderen als empirische Belege für hochkomplexe Systeme, die eine hohe Priorität für Sicherheit haben und in denen es daher so gut wie nie zu Katastrophen kommt. Damit stellen sie Perrows Thesen der Unvermeidbarkeit von Systemunfällen infrage. Für das Risikomanagement von Echtzeitsystemen ist dieses Modell daher ein interessanter Kandidat.[23]

HROs verfügen über eine Kultur der Achtsamkeit im Sinne von Karl Weick. Sie erlaubt es ihnen, ein gemeinsames Lagebild zu entwickeln und sich auf alle denkbaren Eventualitäten vorzubereiten. HROs können einerseits als geschlossene, rationale Systeme charakterisiert werden. Denn es herrscht ein großer Konsens über die Ziele, es existieren formale Prozeduren, die sogenannten »standard operation procedures«, und – zweifellos der wichtigste Punkt – es findet ein intensives Training aller nur erdenklichen Situationen statt. Andererseits versetzt das regelmäßige Durchspielen des Ernstfalls unter realistischen Bedingungen die Organisation in die Lage, mit Störungen flexibel umzugehen und diese souverän zu meistern. Der eigentliche »Trick« besteht allerdings darin, dass sie eine flexible Rollenstruktur haben, die es ihnen erlaubt, sowohl zu planen als auch zu improvisieren.

HROs verfügen über verschiedene Operationsmodi, zwischen denen sie je nach Anforderung wechseln können: den Routine-, den Hochleistungs- und den Notfallmodus. Der *Routinemodus* ist durch bürokratische Verfahren gekennzeichnet. Die Organisation folgt den Standardprozeduren, die sich in hierarchischen Entscheidungsketten und diszipliniertem Verhalten der Mitarbeiter niederschlagen. Dies ändert sich im *Hochleistungsmodus*, etwa bei Spitzenlasten im Flugverkehr oder bei dicht gestaffelten Landungen auf einem Flugzeugträger. Die Hierarchien flachen zugunsten eines eher teamförmigen Arbeitsstils ab. In derartigen Situationen, in denen rasches Reagieren erforderlich ist, werden die Entscheidungen dezentralisiert, und das Fachwissen zählt mehr als der formale Rang. Es bilden sich spontan Gruppen von Mitarbeitern, die ihre Tätigkeiten selbstständig koordinieren und auf diese Weise zur Bewältigung der Spitzenlasten beitragen. Dies ändert sich nochmals im *Notfallmodus*, in den die Organisation wechselt, wenn eine bedrohliche Situation entsteht. Dann greifen wiederum vorprogrammierte Szenarien, die jedem Mitarbeiter bestimmte Rollen eindeutig zuweisen. Diese Szenarien werden sorgfältig einstudiert und regelmäßig trainiert. Das unterscheidet HROs von fehlertoleranten Organisationen.

Die hohe Priorität von Sicherheit und die Fähigkeit zur Flexibilität betrachten LaPorte, Rochlin und andere als die entscheidenden Faktoren, die dazu beitragen, dass HROs Katastrophen vermeiden. Wie das mehrschichtige System unterschiedlicher Operationsmodi genau funktioniert, lässt das HRO-Konzept allerdings offen. Unbeantwortet bleibt beispielsweise die Frage, wie der Wechsel von einem Modus in den anderen vor sich geht und woher die Mitarbeiter wissen, in welchem Modus sie sich gerade befinden. Problematisch bleibt auch das Verhalten der Organisation in nicht antizipierten Störfällen, denn erst in nicht erwarteten und zuvor nicht einstudierten Situationen erweist sich die wahre Fähigkeit einer Organisation zum Krisenmanagement.[24]

Das HRO-Konzept legt seinen Schwerpunkt also auf Fragen der Organisationskultur und blendet das Design des soziotechnischen Systems, das bei Perrow im Mittelpunkt stand, nahezu vollständig aus. Es fokussiert auf die andere Seite der Medaille, die flexible Bewältigung von Unsicherheit, die auch bei Echtzeitsystemen eine wichtige Rolle spielt.

Kritisch diskutieren lässt sich der Anspruch einer hohen Priorität für Sicherheit, denn es gebe, so Nancy Leveson, immer einen Zielkonflikt von Sicherheit und Zuverlässigkeit, den man nicht einseitig in eine Richtung auflösen könne – es sei denn durch Stilllegung der Anlage. Zudem seien HROs atypische Organisationen, die über vollständiges Wissen und stabile technische Prozesse verfügten. Auf Flugzeugträgern der US Navy habe sich beispielsweise in den letzten 50 Jahren nichts Grundsätzliches geändert. Das sei jedoch in der Praxis innovativer Unternehmen, die nicht in derart geschützten Räumen operierten, nur selten der Fall.[25]

Sowohl die Normal Accidents Theory (NAT) als auch das Konzept der High Reliability Organizations (HRO) haben offenkundige Schwächen. Beide sind nicht falsifizierbar, denn ihre Verfechter können sich bei gegenteiligen Evidenzen herausreden: Wenn ein komplexes System einen Unfall vermeiden kann, werden NAT-Anhänger immer behaupten, dass das System nicht komplex genug war. Wenn ein Unfall in einer HRO geschieht, werden HRO-Anhänger immer darauf verweisen, dass der Unfall geschehen ist, weil die Organisation in ihren Bemühungen, zuverlässig zu sein, nachgelassen hatte. Ein Beispiel ist die NASA, deren mangelhafte Sicherheitskultur für den Absturz der Raumfähren Challenger 1986 und Columbia 2003 verantwortlich gemacht werden kann. Beide Konzepte eint zudem, dass sie unpräzise und unsystematisch sind und mit vagen Definitionen und nicht mit objektiv definierten Kategorien operieren.[26]

In Bezug auf die Frage der Beherrschbarkeit von Echtzeitsystemen könnte man die Positionen der beiden Schulen wie folgt zuspitzen: Für Perrow reicht allein der Blick auf das Systemdesign, insbesondere die enge Kopplung und die komplexe Interaktion der Komponenten, um zu prognostizieren, dass derartige Systeme zwangsläufig scheitern werden. Die Vertreter des HRO-Ansatzes werden hingegen postulieren, dass jedes System, das unter noch so extremen Bedingungen operiert, erfolgreich gemanagt und betrieben werden kann, wenn nur eine entsprechende Kultur der Achtsamkeit entwickelt und im Alltag der Organisation praktiziert wird.

Als Ausweg aus der Sackgasse, in die sich die organisationssoziologische Risikoforschung mit der NAT-HRO-Kontroverse hineinmanövriert hatte, bietet sich der STAMP-Ansatz an, der im Folgenden vorgestellt werden soll.

Der STAMP-Ansatz

Eine Forschergruppe unter Leitung der Computerwissenschaftlerin Nancy Leveson hat in den letzten Jahren neuen Schwung in die sozialwissenschaftliche Debatte um Hochrisikosysteme gebracht. Sie geht das Problem des Risikomanagements in komplexen Systemen anders an – und zwar aus einer stärker ingenieurwissenschaftlichen Perspektive.

Leveson und ihre Forschergruppe beschreiben drei Kernpunkte ihres Konzepts »Systems-Theoretic Accident Modeling and Processes« (STAMP): Es begreift »Sicherheit als eine emergente Systemeigenschaft« und nicht wie Perrow als eine »Bottom-up-Aufaddierung verlässlicher Komponenten und Handlungen«. Es fokussiert »auf das integrierte soziotechnische System als Ganzes und die Beziehungen zwischen den technischen, organisationalen und sozialen Aspekten«. Und es sucht nach Wegen, »spezifische organisationale Sicherheitsstrukturen zu modellieren, zu analysieren und zu designen«, statt »allgemeine Prinzipien zu spezifizieren, die für alle Organisationen Gültigkeit« beanspruchen.[27]

Leveson betrachtet – sicherlich ein wenig ungewöhnlich – komplexe Systeme als eine *hierarchische* Anordnung von Organisationsebenen, bei denen jede Ebene komplexer ist als die Ebene darunter und zudem

Restriktionen (»constraints«) für die nächsttiefere Ebene enthält. Fragen der Sicherheit komplexer Systeme lassen sich somit nur beantworten, wenn man das gesamte System und die Beziehungen zwischen den verschiedenen Ebenen betrachtet. Dabei spielen vor allem die Sicherheitsanforderungen (»safety constraints«) eine wichtige Rolle. So muss etwa der Strom abgeschaltet sein, wenn ein Wartungstrupp einen Transformator inspiziert, oder Flugzeuge müssen einen gewissen Sicherheitsabstand einhalten. Die hierarchische Struktur des Sicherheitsmanagements (»safety control«) hat die Aufgabe, »die Sicherheitsanforderungen effektiv umzusetzen«.[28]

Leveson rückt also – ähnlich wie Perrow – das organisationale Design in den Mittelpunkt. Während Perrow jedoch ganze Branchen pauschal einem Typus zuordnet, insistiert Leveson darauf, dass »jeder Industriesektor und jedes Unternehmen [...] eine einzigartige Kontrollstruktur« hat, die jeweils für sich sorgsam analysiert und modelliert werden muss – auch mithilfe der Methode der Computersimulation.

Als Rahmenkonzept dient dabei ein Schema, das die Systementwicklung und den Systembetrieb als zwei getrennte, aber miteinander verknüpfte hierarchische Anordnungen mehrerer Ebenen betrachtet. Für den Teilbereich des Systembetriebs (siehe Abbildung 13) unterscheidet Leveson fünf Ebenen: (1) Den politischen Prozess der Gesetzgebung; (2) die Verhandlungen von Verbänden und Behörden bei der Umsetzung regulativer Maßnahmen; (3) die Unternehmensführung; (4) das betrieblich-operative Management; (5) die eigentliche Durchführung der Operationen im Zusammenspiel von Mensch und Technik. Das Schaubild lässt erkennen, dass der Informationsfluss von unten nach oben, die Kontrolle hingegen von oben nach unten verläuft.[29]

Jede Komponente dieser hierarchischen Kontrollstruktur hat die Funktion, Sicherheitsanforderungen für einen bestimmten Bereich durchzusetzen, und trägt so zur Sicherheit des gesamten Systems bei. Die starke These des STAMP-Konzepts lautet: »Unfälle haben ihre Ursache in Interaktionen zwischen Systemkomponenten, die gegen diese Sicherheitsanforderungen verstoßen.«[30] Entscheidend ist also, ob es gelingt, diese Grundsätze auf den unterschiedlichen Ebenen – Design, Produktion, Betrieb usw. – effektiv durchzusetzen, was voraussetzt, dass sie auch entsprechend kommuniziert werden.

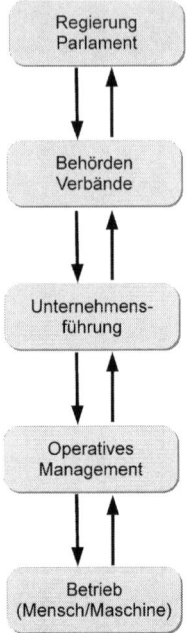

Abbildung 13: Modell des Systembetriebs (nach Leveson u. a. 2009, S. 244)

Sicherheit wird hier als ein »Kontrollproblem« und nicht als ein »Problem des Komponentenversagens« aufgefasst. Damit grenzt sich Leveson von Perrow ab, der sich mehr mit den Details des soziotechnischen Systemdesigns als mit dem Management, der Steuerung und der Kontrolle des Systems befasst als die Informatikerin Leveson. Man hätte es eigentlich andersherum vermutet. Und weiter: »Unfälle geschehen, wenn Ausfälle von Komponenten, externe Störungen und/oder dysfunktionale Interaktionen zwischen Systemkomponenten nicht angemessen verarbeitet bzw. beherrscht werden.«[31] Das Versagen einzelner Komponenten beziehungsweise deren unvorhergesehene Interaktion spielt also für Leveson nicht die entscheidende Rolle, sondern die Fähigkeit des Risikomanagements, diese Probleme in den Griff zu bekommen.

Leveson grenzt sich von Perrow dadurch ab, dass sie nicht nur die Strukturen komplexer Systeme und die Interaktionen der Systemkomponenten in den Blick nimmt, sondern auch das Risikomanagement.

Verglichen mit den Vertretern des HRO-Ansatzes, die beim Krisenmanagement vor allem auf die Leistungsfähigkeit selbstorganisierter Teams setzen, verweist sie hingegen auf die Notwendigkeit eines organisierten Risikomanagements.

Eine zentrale Rolle kommt dabei dem Begriff der Kontrolle zu, der eine vielschichtige Bedeutung hat und auf allen Ebenen angewandt werden kann: bei der Kontrolle eines technischen Prozesses durch ein Bauteil (zum Beispiel die defekten O-Ringe, die den Absturz der US-Raumfähre Challenger 1986 mit verursacht haben), bei der Kontrolle der Entwicklung, Herstellung, Einführung und/oder Anwendung soziotechnischer Systeme, aber auch bei Managementprozessen in Organisationen, die komplexe Systeme betreiben, und schließlich auf der Ebene der Politik und der Organisationskultur. All diese Aspekte steuern das Verhalten der menschlichen und technischen Systemkomponenten: »Jegliches Verhalten wird von dem sozialen und organisationalen Kontext, in dem es stattfindet, beeinflusst und zumindest teilweise ›gesteuert‹.«[32]

Dieses eher statische Modell, das seine Affinität zu ingenieurwissenschaftlichem Denken gar nicht erst zu verbergen sucht, ergänzt Leveson durch ein Prozessmodell. Ausgangspunkt ist die These, dass jeder Controller, sei es ein Mensch oder ein Automat, über ein Modell des kontrollierten Prozesses verfügen muss. Unfälle geschehen oftmals, weil es zu einer mangelhaften Übereinstimmung (»mismatch«) zwischen dem mentalen Modell der beteiligten Akteure und dem aktuellen Systemzustand kommt, wie etwa im Fall der Deepwater Horizon. Das hat insbesondere dann gravierende Konsequenzen, wenn in verteilten Systemen unterschiedliche Entscheider voneinander unabhängig Entscheidungen treffen, die zu unlösbaren Konflikten führen. Kommunikation, so Leveson, spielt daher eine entscheidende Rolle. Auch kleine Veränderungen der Sicherheitsstruktur können sich im Laufe der Zeit zu gravierenden Problemen aufhäufen, die erst nach der Katastrophe offenbar werden.[33]

Leveson schlägt daher vor, sowohl ein »statisches Modell der Sicherheits-Kontrollstruktur« als auch ein dynamisches Prozessmodell zu entwickeln, die zusammen die Spezifika der jeweiligen Organisation abbilden. Darüber hinaus solle man den kulturellen und politischen Kontext einbeziehen und die spezifischen Dynamiken und Sachzwänge berücksichtigen, denen die Organisation ausgesetzt ist. Durch den Einsatz von Computersimulation ließen sich nicht nur Schwachstellen identifizieren, an denen gegen Sicherheitsauflagen verstoßen wird, sondern auch die langfristigen Wirkungen kleiner Veränderungen sowie der damit einhergehenden Risiken aufdecken. Leveson und ihre Forschergruppe haben diesen Ansatz einer Modellierung und Simulation am Beispiel der NASA durchgespielt und dabei die Schwachstellen identifiziert, die zum Columbia-Unglück im Jahr 2003 geführt haben.

Der STAMP-Ansatz ist keineswegs revolutionär. Er kombiniert vielmehr bekannte Konzepte und ergänzt sie um die Methode der Computersimulation. STAMP lenkt den Blick auf beide Seiten der Medaille: das Design des soziotechnischen Systems einerseits, die Organisationskultur und das Risikomanagement andererseits. Damit ist es den Autoren gelungen, Schwung in die Debatte um Hochrisikosysteme zu bringen, die in der Sackgasse der kaum lösbaren NAT-HRO-Kontroverse feststeckte. Das Konzept der Modellierung konkreter soziotechnischer Systeme vermeidet plakative und pauschale Urteile, erlaubt dafür aber, Szenarien simulativ durchzuspielen und gezielt nach Mängeln im Design des Systems sowie nach fehleranfälligen Prozessen zu suchen. Dazu war die organisationssoziologische Risikoforschung bislang nicht in der Lage gewesen. Mit Blick auf das Risikomanagement von Echtzeitsystemen ist dieser Ansatz ein großer Gewinn.

Simulation 2: Der Verkehrssimulator SUMO-S

Levesons Idee, konkrete Systeme zu modellieren, statt sie pauschal einem Risikotypus zuzuordnen, ist bislang nur selten umgesetzt worden. Wir haben das Risikomanagement in einem Straßenverkehrssystem modelliert und im Simulator SUMO-S implementiert. Dabei geht es um eine optimale, möglichst stau- und verzögerungsfreie Verteilung von Verkehrsströmen, die unter Echtzeitbedingungen stattfindet. Auf Grundlage der aktuellen Verkehrssituation kann eine Leitstelle steuernd eingreifen und so versuchen, Probleme vorausschauend zu vermeiden beziehungsweise so rasch wie möglich zu beheben.

SUMO-S basiert technisch auf der am Deutschen Zentrum für Luft- und Raumfahrt (DLR) entwickelten Verkehrssimulation »Simulation of Urban Mobility« (SUMO). Diese wurde um eine soziologische Fahrermodellierung ergänzt.[34] Dahinter steht die Idee, dass unser Wissen über die Steuerbarkeit komplexer Systeme in vielerlei Hinsicht rudimentär ist. Wir wissen nach wie vor wenig darüber, wie komplexe soziotechnische Systeme funktionieren, wie sie sich dynamisch entwickeln und an welchen Stellschrauben man drehen muss, um erwünschte Entwicklungen zu fördern und unerwünschte zu verhindern. Dies zu wissen, wird jedoch in der Echtzeitgesellschaft immer dringlicher.

Der Simulator SUMO-S (und dessen Nachfolger SimCo, vgl. Kapitel 5) erlaubt es, komplexe soziotechnische Systeme zu modellieren und die Prozesse und Dynamiken derartiger Systeme im Echtzeitmodus zu studieren. Mithilfe von SUMO-S lassen sich Simulationsexperimente durchführen, deren Randbedingungen kontrolliert variiert werden können. Auf diese Weise lässt sich untersuchen, welche Faktoren das Verhalten eines komplexen soziotechnischen Systems beeinflussen und durch welche Anreize und Eingriffe man es in eine gewünschte Richtung steuern kann. Wir haben Experimente mit unterschiedlichen Governance-Modi durchgeführt, in denen wir die Leistungsfähigkeit der hierarchischen Steuerung im Vergleich zu dezentraler Selbstorganisation untersucht haben.

Den theoretisch-konzeptionellen Hintergrund für diese Ausrichtung auf Fragen der Governance bilden die Debatten über Lean Management, Selbstorganisation, Schwarmintelligenz, Policy-Netzwerke, Innovationsnetzwerke, aber auch High Reliability Organizations. Diese propagieren eine Abkehr von traditionellen, hierarchischen Steuerungskonzepten und betonen die Leistungsfähigkeit neuer Formen der Selbststeuerung.[35]

Das Verkehrssimulations-Framework SUMO bildet die technische Basis von SUMO-S, insbesondere die Infrastruktur, ein Fahrzeugfolgemodell, Messschleifen für die Datenerfassung sowie die Möglichkeit, skriptgesteuert in die Simulation einzugreifen. Das rein *physikalisch* begründete Fahrverhalten der Agenten basiert auf dem mikroskopischen Fahrzeugfolgemodell von Stefan Krauß, welches auf der Annahme beruht, dass »Fahrzeuge sich in der Regel kollisionsfrei bewegen«.[36]

Für unsere Zwecke mussten wir das Modell allerdings weiterentwickeln, um auch die sozialen Prozesse abzubilden, die zur dynamischen Entwicklung soziotechnischer Systeme beitragen. Denn soziale Akteure verhalten sich in der Realität recht unterschiedlich: Der eine ignoriert das Tempolimit auf Autobahnen, der andere hält sich strikt daran. Dieses Verhalten auf der Mikroebene des Akteurhandelns hat jedoch Konsequenzen für den Systemzustand auf der Makroebene (etwa Stau oder kein Stau). Die Modelle der Ingenieurwissenschaften blenden diese Heterogenität der Akteure, ihre unterschiedlichen Motive und Interessen meist aus und unterstellen, dass sich alle Verkehrsteilnehmer annähernd gleich verhalten.

Ein soziologisches Modell soziotechnischer Systeme muss in der Lage sein, die Wechselwirkungen der Mikroebene mit den emergenten und sich dynamisch verändernden Systemzuständen auf der Makroebene abzubilden. Wir greifen wiederum – wie schon bei SimHybS (vgl. Kapitel 3) – auf das »Modell soziologischer Erklärung« von Hartmut Esser zurück, das folgende Komponenten enthält:[37]

Auf der Mikroebene befindet sich eine Vielzahl heterogener, strategiefähiger *Akteure*, die individuelle Ziele verfolgen und im Kontext eines gemeinsamen Regelsystems (zum Beispiel des Verkehrssystems) miteinander interagieren. Ihre Handlungslogik besteht darin, dass sie im Rahmen der situativ wahrgenommenen Opportunitäten die Handlungsalternative auswählen, die ihren subjektiven Erwartungsnutzen maximiert. Das kann von Akteur zu Akteur recht unterschiedlich sein.

Die Makroebene des *Systems* besteht aus statischen (vorhandene Infrastruktur) und dynamischen Elementen (aktuelle Verkehrslage). Sie strukturiert die Aktionen der Akteure, und zwar im doppelten Sinne: Sie bietet den Akteuren einen Möglichkeitsraum für die Interaktion mit anderen Akteuren wie auch für eigene Entscheidungen. Zugleich werden die Akteure jedoch in ihren Handlungswahlen (»choices«) durch bestehende Restriktionen (»constraints«) eingeschränkt.

Das Modell enthält ferner Regeln für die *Interaktion* der Akteure mit ihrer sozialen, aber auch ihrer infrastrukturellen Umwelt, und zwar in zweierlei Weise: Es definiert, wie die Akteure die Umwelt wahrnehmen, und es enthält Mechanismen, wie die Akteure die Umwelt verändern. Da alle Akteure auf einer gemeinsamen, strukturierten Makroebene agieren, können die Einzelaktionen sämtlicher Akteure zu Systemzuständen aggregiert werden, die sich im zeitlichen Verlauf dynamisch verändern können.

Das Simulations-Framework SUMO-S basiert auf diesem soziologischen Makro-Mikro-Makro-Modell. Es umfasst insbesondere die mikrosoziologisch fundierte Handlungslogik der Agenten, die dynamische Veränderung des Systemzustands und darüber hinaus die Möglichkeit, in unterschiedlicher Intensität steuernd einzugreifen.

Experimente mit dem Simulator SUMO-S

Mithilfe von SUMO-S wurde das Szenario der Verkehrssteuerung rund um den Signal Iduna Park (das ehemalige Westfalenstadion) in Dortmund nachgebaut. Die Mitarbeiter der Verkehrszentrale verfolgen dort das Ziel, dass alle per Pkw anreisenden Zuschauer eine Route zu einem der Parkplätze wählen, die es ermöglicht, dass sie rechtzeitig zum Anpfiff des Fußballspiels im Stadion sind. Sie können dabei die Verkehrsströme »hart« steuern, indem sie bestimmte Routen sperren, aber auch »weich«, indem sie nur Empfehlungen über Hinweistafeln kommunizieren. Das alles geschieht in Echtzeit, also im Moment des Geschehens, das damit dynamisch gesteuert wird.

Die Fahrer, die wir als Softwareagenten modelliert haben, verfolgen ihrerseits das Ziel, zu einem Parkplatz zu gelangen, von dem sie das Stadion möglichst optimal erreichen können. Dabei treffen sie Entscheidungen (beispielsweise an einer Kreuzung abzubiegen oder weiterzufahren), die von ihren individuellen Präferenzen, von der Verkehrslage, aber auch von den steuernden Eingriffen der Verkehrszentrale geprägt sind.

Diese Entscheidungen fallen von Fahrer zu Fahrer unterschiedlich aus. Wir haben daher Fahrertypen unterschieden: den Folgsamen, den Denker, den folgsamen Denker und den Sturkopf. Sie reagieren verschieden auf Hinweise und Verbote. Während der Folgsame von seinen Plänen ablässt, wenn er einen Hinweis erhält, verfolgt der Sturkopf sie unbeirrt weiter.

Diese Fahrertypen sind relevant, weil der Erfolg von Steuerung, wie sich zeigen wird, nicht ausschließlich vom gewählten Governance-Modus abhängt, sondern auch vom Mischungsverhältnis der unterschiedlichen Fahrertypen. Wir haben in den Experimenten verschiedene Mischungsverhältnisse der vier Fahrertypen betrachtet: ausschließlich Folgsame (Mix_0), eine realitätsnahe Mischung (Mix_1) sowie folgsamere (Mix_2) als auch sturere (Mix_3) Populationen.

Wir haben Experimente mit unterschiedlichen Szenarien durchgeführt, um herauszufinden, wie ein komplexes soziotechnisches System funktioniert, dessen Dynamik unter anderem aus den Entscheidungen einer Vielzahl individueller Akteure (beziehungsweise Agenten) resultiert. Zudem wollten wir herausfinden, wie es um die Leistungsfähigkeit der Governance-Modi steht, ob also beispielsweise die zentrale, hierarchische Steuerung bessere Ergebnisse erzielt als die dezentrale, schwarmförmige Selbstorganisation – oder umgekehrt.

Das größte Problem bestand allerdings darin, dass die Fachliteratur kaum konkrete Hinweise auf Kriterien enthält, mit deren Hilfe man den Erfolg von Governance vermessen und die Leistungsfähigkeit unterschiedlicher Modi vergleichen könnte. Als Globalindikatoren für die Leistungsfähigkeit des Systems nutzen wir daher die Zeit t, die benötigt wird, bis alle Fahrzeuge einen Parkplatz erreicht haben, sowie die Durchschnittsgeschwindigkeit v aller Fahrzeuge während eines Versuchslaufs.

Ein dritter Indikator ist die Systemstabilität (Maßzahl S), die wir mithilfe der Durchschnittsgeschwindigkeit aller Fahrzeuge an neuralgischen, staugefährdeten Punkten des Straßennetzes messen. Wir postulieren, dass die Performance des Systems umso besser ist, je weniger die Durchschnittsgeschwindigkeit auf neuralgischen Streckenabschnitten schwankt. Die Maßzahl S ist jedoch gleichgültig gegenüber der Geschwindigkeit; ein sich kontinuierlich und gleichmäßig, aber sehr langsam bewegender Verkehr würde gleich gut bewertet wie ein flüssiger und zügiger Verkehr. Daher haben wir zusätzlich eine Maßzahl P für die Systemperformance gebildet, die als gewichtete Summe der beiden Teilmaßzahlen Durchschnittsgeschwindigkeit v und Maßzahl S gebildet wird.

Wir gehen davon aus, dass auch die Akteure Ziele haben, die sich nicht immer mit denen des Systems decken müssen. Dabei unterstellen wir, dass zumindest die Fans der Heimmannschaft einen Plan haben, auf welchem Parkplatz sie parken und auf welchem Weg sie dorthin gelangen wollen. Zudem gehen wir davon aus, dass alle Fahrer eine möglichst kurze Fahrtzeit präferieren. Als Indikator zur Messung der Zielerreichung auf der Mikroebene verwenden wir daher die Zeit, welche die Fahrer durchschnittlich von der Einfahrt ins simulierte Gebiet benötigen, bis sie auf irgendeinen Parkplatz gelangt sind. Zusätzlich untersuchen wir, inwiefern der letztendlich erreichte Parkplatz den Wünschen der Fahrer entspricht.

Mit diesem Verkehrsszenario haben wir 6 000 Simulationsläufe durchgeführt, und zwar jeweils 500 mit jeder der zwölf möglichen Kombinationen der drei Governance-Modi (harte Steuerung, weiche Steuerung, dezentrale Koordination) sowie der vier Mischungen von Fahrertypen (Mix_0 bis Mix_3). Bei den Simulationsläufen wurden Verkehrsströme simuliert, etwa von Norden in das simulierte Gebiet einfahrende Autos mit Fans der Gastmannschaft, wie sie typischerweise bei einem Bundesligaspiel an einem Samstagnachmittag auftreten.

Stellvertretend für die Indikatoren, die wir überprüft haben, seien hier die Ergebnisse für die Systemstabilität dargestellt, die wir mithilfe der Maßzahl S vermessen haben (vgl. Tabelle 10).

Governance-Modus	*Mischung der Fahrertypen*				Zeilen-Mittelwert
	Mix_0 (nur Folgsame)	Mix_1 (realitätsnah)	Mix_2 (mehr Folgsame)	Mix_3 (mehr Sture)	
Steuerung hart	12,796	8,011	9,340	9,308	8,886
Steuerung weich	13,983	10,187	**5,820**	9,591	8,533
Koordination	14,561	10,064	10,181	10,603	10,283
Spalten-Mittelwert	13,780	9,421	8,447	9,834	

Tabelle 10: Maßzahl S für alle Fahrermischungen und Governance-Modi (kleine Werte sind besser als große, Quelle: Adelt u. a. 2014, S. 441)

Zunächst zeigen die Zeilenmittelwerte deutliche Unterschiede zwischen den drei Governance-Modi: Die weiche Steuerung, die mit Hinweisen arbeitet, schneidet mit einem Wert von 8 533 ein wenig besser ab als die harte Steuerung (8 886), die bestimmte Routen bei Bedarf sperrt. Die dezentrale Koordination (10 283), in der die Fahrer ohne Eingriffe der Zentrale interagieren, fällt hingegen deutlich ab – anders als wir es vor dem Hintergrund der Fachdebatte über Selbststeuerung und Selbstorganisation erwartet hatten. Die Zahlen verdeutlichen aber auch, dass ein pauschaler Vergleich der Governance-Modi, also eine zeilenweise Betrachtung nur der Mittelwerte, wenig aussagekräftig ist, da die Werte innerhalb der Zeilen stark streuen.[38]

Der gute Durchschnittswert für die weiche Steuerung resultiert maßgeblich aus dem Wert für Mix_2, der mit großem Abstand den besten Wert aller realistischen Szenarien bildet und zudem deutlich unter den beiden anderen Werten für Mix_2 liegt. Offenbar lässt sich mithilfe von Anreizsteuerung die Performance in Mix_2 erheblich verbessern, während mit einer Erhöhung der Steuerungsintensität in Richtung harter Steuerung wenig zu gewinnen ist. In den beiden anderen Mischverhältnissen (Mix_1 und Mix_3) ist hingegen der Unterschied zwischen weicher Steuerung und dezentraler Koordination deutlich geringer. Fahrer-Mischverhältnisse mit mehr Sturköpfen als in Mix_2 führen offenbar nicht zu einer deutlichen Verbesserung der Performance beim Wechsel von Koordination zu weicher Steuerung.

Man kommt offenkundig nicht umhin, die Ebene der Akteure miteinzubeziehen, um zu gehaltvollen Aussagen über die Leistungsfähigkeit von Echtzeitsystemen zu gelangen. Denn die Performance der Governance-Modi hängt stark vom Mischungsverhältnis der Fahrer ab. Weiche Steuerung funktioniert am besten in Kombination mit Mix_2, der durch einen höheren Anteil folgsamer Fahrer als im realitätsnahen Szenario gekennzeichnet ist. Folgsamkeit bedeutet in diesem Kontext nicht, dass die Fahrer wie Automaten funktionieren, sondern lediglich, dass ein höherer Anteil bereit ist, den Hinweisen zu folgen, statt an den eigenen Plänen unbeirrt festzuhalten wie beispielsweise der Denker oder der Sturkopf.

Wie die Zusammenfassung der Ergebnisse zeigt, wird diese Aussage durch nahezu alle weiteren Berechnungen bestätigt (vgl. Tabelle 11). Sowohl die Analyse der Makroindikatoren als auch die Analyse der Mikroindikatoren führt zu Ergebnissen, die größtenteils in die gleiche Richtung weisen.

Sämtliche von uns untersuchten Indikatoren widerlegen die Vermutung, dass der Governance-Modus »Koordination« zu einer besse-

Arbeitshypothesen	Makro-Indikatoren			Mikro-Indikatoren	
	Gesamtzeit	*Stabilität (S)*	*Systemperformance (P)*	*Fahrzeit*	*Parkplatz*
Koordination besser als Steuerung	Nein	Nein	Nein	Nein	(Nein)
Weiche Steuerung besser als harte Steuerung	Ja	Ja	Nein	Nein	(Nein)
Bester Wert für Fahrer-Mix$_2$ und weiche Steuerung	Ja	Ja	Ja	Ja	(Nein)
Harte Steuerung effizient bei rationalen Egoisten (Mix$_1$ und Mix$_3$)	Nein	Ja	Ja	(Ja)	(Ja)

Tabelle 11: Vergleich der Performance unterschiedlicher Governance-Modi (Klammern = nur geringfügige Unterschiede, Quelle: Adelt u. a. 2014, S. 444)

ren Performance führt als der Modus »Steuerung«. Das Gegenteil ist der Fall. Ob weiche Steuerung besser abschneidet als harte Steuerung, lässt sich nicht pauschal beantworten; es hängt offensichtlich stark von der Zusammensetzung der Fahrertypen ab. Denn hier zeigt sich das überraschendste Ergebnis unserer Analysen: Die Kombination von weicher Steuerung und Fahrer-Mix$_2$ mit mehr folgsamen Fahrern führt bei allen Indikatoren zu dem besten Wert, der zum Teil erheblich über beziehungsweise unter den entsprechenden Vergleichswerten liegt.

Insgesamt zeigen unsere Experimente, dass es möglich ist, das Thema »Steuerung komplexer Systeme« mithilfe experimenteller Methoden zu analysieren und auf diesem Wege zu neuen Erkenntnissen zu gelangen. Dies gilt insbesondere für den Zusammenhang von Governance-Modi und Mischungsverhältnissen von Akteurtypen. Will man untersuchen, wie steuernde Eingriffe in soziotechnische Systeme wirken, die unter Echtzeitbedingungen operieren, so kommt man nicht umhin, die Methode der Computersimulation anzuwenden. Nur so lassen sich Szenarien durchspielen, mit deren Hilfe man abschätzen kann, wie sich derartige Systeme eigendynamisch entwickeln und wie sie auf externe Interventionen reagieren.

Fazit

In Organisationen, die sicherheitskritische Systeme betreiben, ist ein funktionierendes Risikomanagement unabdingbar. Die in diesem Kapitel skizzierten Beispiele von Katastrophen der jüngeren Zeit zeigen, was alles schiefgehen kann. Erneut kann man sie als Beleg für Rosas These der Beschleunigung deuten. Denn in allen vier Fällen haben das Risikomanagement von Echtzeitprozessen und der damit verbundene Zeitdruck eine wichtige Rolle gespielt. Aber es ging dabei weniger um die Überforderung des Einzelnen als um das Versagen von Organisationen – eine Dimension von Gesellschaft, die Rosa faktisch nicht in den Blick nimmt. Er verbleibt weitgehend auf der Mikroebene des Individuums und blendet die Mesoebene des koordinierten Handelns in Organisationen aus.

Die vier Beispiele deuten aber auch auf Stellschrauben hin, an denen man drehen kann, um einen zuverlässigen und risikoarmen Betrieb komplexer soziotechnischer Systeme zu gewährleisten. Ein wesentlicher Faktor scheint eine funktionierende Organisationskultur zu sein, welche die Mitarbeiter in die Lage versetzt, auch in kritischen Situationen das Richtige zu tun. Das gilt umso mehr in der Echtzeitgesellschaft, in der die zeitlichen Spielräume für Entscheidungen immer enger werden, an denen zudem eine Vielzahl autonomer technischer Systeme mitwirkt. Organisationen, die sicherheitskritische Systeme betreiben, tragen hier eine große Verantwortung, der sie in der Vergangenheit nicht immer gerecht geworden sind.

Der Überblick über Konzepte und Strategien zum Umgang mit Unsicherheit hat zudem gezeigt, dass es kaum sinnvoll ist, die Debatte um das Risikomanagement mit abstrakten Modellen und pauschalen Zuordnungen ganzer Technologiebereiche zu bestimmten Risikokategorien zu führen. Das Design des soziotechnischen Systems sollte immer eine wesentliche Komponente einer sozialwissenschaftlichen Risikoanalyse sein, aber nicht im Sinne abstrakter Generalisierungen, sondern gestützt auf eine realistische Modellierung und Simulation des jeweils konkreten Systems. Auf diese Weise lassen sich Szenarien entwickeln und Simulationsexperimente konzipieren, mit deren Hilfe sich

Schwachstellen und Fehlerquellen im betreffenden System identifizieren lassen.

Die Kontroverse zwischen der Normal Accidents Theory und dem Konzept der High Reliability Organizations lässt sich dahingehend auflösen, dass beide einen wahren Kern haben: Beim Risikomanagement in Organisationen spielen sowohl das Systemdesign (Perrow) als auch die Organisationskultur (HRO) eine wichtige Rolle. Vor allem aber müssen die Strukturen in den Blick genommen werden, die eine effektive Kontrolle riskanter Prozesse ermöglichen. Letzteres betont der STAMP-Ansatz. Sowohl die Strategie der Minimierung von Unsicherheit durch Vorabplanung als auch die der flexiblen Bewältigung von Unsicherheit am Ort des Geschehens haben ihren Platz in einem derartigen Modell. Ziel muss es sein, moderne Formen der intelligenten Steuerung soziotechnischer Systeme zu finden, die die Steuerungsmodi der zentralen Planung und der dezentralen Koordination so miteinander kombinieren, dass ein effektives Risikomanagement auch in unerwarteten Situationen möglich wird. Je mehr wir uns in Richtung Echtzeitgesellschaft bewegen, umso dringlicher wird es, praktikable Lösungen für dieses Problem zu finden.

5. Nachhaltige Transformation soziotechnischer Systeme

Neben der Digitalisierung stehen Wirtschaft und Gesellschaft noch vor einer weiteren großen Herausforderung: der nachhaltigen Transformation kritischer Infrastruktursysteme, unter anderem in den Bereichen Energie und Verkehr. Der bereits angelaufene Transformationsprozess bringt erhebliche Unsicherheiten mit sich. So muss zum Beispiel die Stabilität des Energienetzes in jeder Phase des Umbaus gegeben sein. Auch muss geklärt werden, ob eine nachhaltige Energieversorgung der Zukunft in der Lage ist, Versorgungssicherheit zu gewährleisten und Risiken zu vermeiden. Ähnliches gilt für das Verkehrssystem. Es ist noch unklar, ob die Umstellung auf Elektromobilität gelingen wird und diese innovative Antriebsform – im Verbund mit neuen Formen der Mobilität – dazu beitragen kann, die umwelt- und verkehrspolitischen Ziele zu erreichen.

Um zu verstehen, wie derartige Transformationsprozesse funktionieren, benötigt man ein Modell soziotechnischen Wandels. Zudem ist zu berücksichtigen, dass der Aufbau eines neuen, nachhaltigen Infrastruktursystems immer auch mit dem Abbau beziehungsweise Umbau des bestehenden Systems einhergeht, dessen Protagonisten keineswegs bereit sind, das Terrain widerstandslos zu räumen. Auch hier erweist sich die Modellierung und Simulation als eine Methode, mit deren Hilfe man Zukunftsszenarien durchspielen, Ansatzpunkte für Veränderungen identifizieren und die Wirksamkeit gestalterischer Maßnahmen bewerten kann.

Das Mehrebenenmodell soziotechnischen Wandels

Wenn man soziotechnischen Wandel gestalten und unerwünschte Folgen vermeiden will, benötigt man zunächst Wissen über die Mechanismen, vor allem aber über die sozialen Prozesse, die Wandel auslösen und dazu beitragen, dass ein altes soziotechnisches Regime von einem neuen abgelöst wird. Das von Arie Rip, Frank Geels und anderen entwickelte Mehrebenenmodell soziotechnischen Wandels (Multi Level Perspective, MLP) beansprucht, derartige Regimewechsel zu beschreiben und analytisch zu durchdringen. Ausgangspunkt ist das bereits erwähnte Konzept des *soziotechnischen Regimes*, das zum einen die »kognitiven Routinen [umfasst], die von Ingenieuren und Entwicklern in unterschiedlichen Unternehmen geteilt werden«.[1] Zum anderen bezieht es auch die Konstellation der Akteure mit ein, die durch ihre Vernetzung das Regime tragen, also Wissenschaft, Politik, Nutzer, Kultur, Industrie und Märkte.

Zur Beschreibung eines konkreten Regimes empfiehlt Geels sechs Dimensionen, die hier anhand des gegenwärtigen Regimes der Automobilität illustriert werden: (1) Die verwendete Technologie: das Auto mit Verbrennungsmotor, das die benötigte Energie mithilfe fossiler Treibstoffe an Bord erzeugt. (2) Die Nutzerpraktiken: der individuelle Besitz und die flexible Nutzung des Autos für schnelles Reisen zu unterschiedlichen Zwecken. (3) Die Produktionsstrukturen und Wertschöpfungsketten: vertikal integrierte Herstellerunternehmen, die Skaleneffekte realisieren können, solange sie dem einmal eingeschlagenen Pfad folgen. (4) Die kulturelle Einbettung des Autos als Statussymbol. (5) Die politische Regulierung: die starke Förderung und Stützung durch nationale Regierungen. (6) Schließlich die technische und rechtliche Infrastruktur in Form des Straßennetzes, das auf das Auto mit Verbrennungsmotor zugeschnitten ist.[2]

Ein etabliertes Regime vermittelt allen beteiligten Akteuren Orientierungen und ermöglicht es ihnen, ihre Handlungen effektiv zu koordinieren. Auch etablierte Regimes entwickeln sich inkrementell weiter. Geels spricht daher von »dynamischer Stabilität«.[3] Regimes konstituieren auf diese Weise Pfade beziehungsweise Trajektorien, die eine starke Beharrungskraft (»lock-in«) und damit eine Pfadabhängigkeit entwickeln können. Denn jeder Akteur wird sich – selbst bei hoher Motivation für Alternativen – meist zugunsten der klassischen »Rennreiselimousine« entscheiden.[4] Das versteinerte Regime des klassischen Automobils wird so durch sich wechselseitig stabilisierende Handlungen von Herstellern, Kunden und Politik gefestigt und fortgesetzt.

Somit stellt sich die Frage, wie es trotz der großen und sich eigendynamisch verfestigenden Stabilität eines soziotechnischen Regimes zu Wandel kommen kann. Hierin liegt die eigentliche Pointe des MLP-Modells, erklären zu können, wie sich ein Regimewechsel vollzieht, nämlich durch die Wechselwirkung von Prozessen auf mehreren Ebenen: der Mesoebene des Regimes, der Mikroebene technologischer Nischen sowie der Makroebene des soziotechnischen Kontextes (»landscape«, vgl. Abbildung 14).

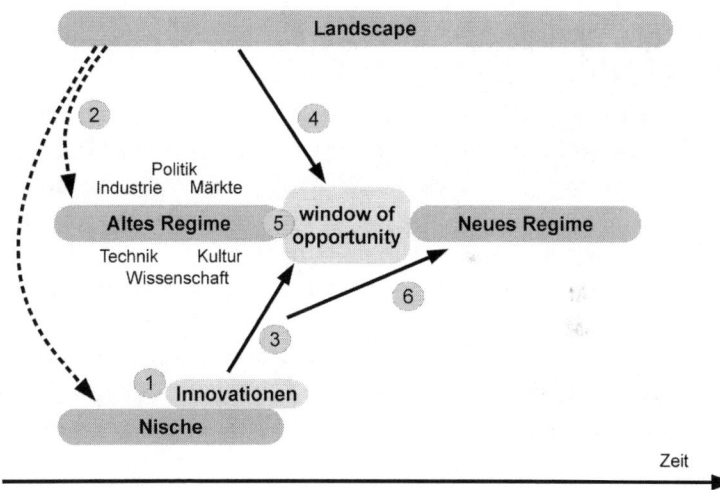

Abbildung 14: Mehrebenenmodell soziotechnischen Wandels
(nach Geels/Schot 2007, S. 401)

Als *Nischen* werden Orte bezeichnet, an denen »radikale Neuerungen entstehen«. Diese sind zunächst instabil, erhalten aber in geschützten Räumen (»incubation rooms«) die Chance, sich zu entfalten (Nr. 1 in Abbildung 14). Als Beispiele lassen sich Elektroautos oder die Photovoltaik nennen; in beiden Fällen vollzog beziehungsweise vollzieht sich die Entwicklung in Nischen, in denen es möglich war, von den bestehenden Regeln abzuweichen und etwas Neues auszuprobieren. Getragen werden diese Prozesse von kleinen, ebenfalls wenig stabilen Netzwerken von Akteuren, die oftmals Außenseiter sind oder am Rand bestehender Regimes operieren. Nischen sind Orte für Lernprozesse und Experimente mit »hopeful monstrosities« – mit wenig ausgereiften, aber vielversprechenden »Ungeheuern«, die erst mit der Zeit reifen und klare Konturen gewinnen. Diese »Monster« werden so eine Weile davor bewahrt, sich auf den etablierten Märkten bewähren zu müssen, auf denen sie so lange keine Chance haben, wie die Regeln der Bewertung technischer Alternativen sich nicht verändert haben (zum Beispiel PS-Stärke und Reichweite versus Umweltfreundlichkeit und Ressourcenschonung).[5]

Der soziotechnische Kontext (»landscape«) ist der gesellschaftliche und institutionelle Rahmen, innerhalb dessen sich das Regime bewegt. Aber auch die vorhandene materielle Infrastruktur spielt eine wichtige Rolle. Kulturelle Muster, ökonomische und politische Entwicklungen beeinflussen das Regime und die Nische (Nr. 2 in Abbildung 14). Dieser Kontext ist träge und wandelt sich in der Regel nur sehr langsam. Allerdings können externe Schocks wie zum Beispiel ökonomische Krisen oder der Anstieg des Ölpreises diesen Prozess beschleunigen.[6]

Die zentrale These des MLP-Modells lautet nun, dass ein *Regimewechsel* Resultat von Wechselwirkungen zwischen Prozessen auf allen drei Ebenen ist: Wenn eine Nischeninnovation an Schwung gewinnt (Nr. 3) *und* Veränderungen im Kontext Druck auf das Regime ausüben (Nr. 4) *und* das Regime bereits geschwächt ist (etwa aufgrund technischer Probleme oder negativer Externalitäten), kann sich eine günstige Gelegenheit (»window of opportunity«, Nr. 5) ergeben. Die Innovation hat dann eine Chance, sich durchzusetzen und das bestehende Regime herauszufordern oder gar abzulösen (Nr. 6).[7]

Ein Beispiel mag diese Idee illustrieren: Der Elektroantrieb für Autos war bislang eine Technologie, die sich in den letzten Jahrzehnten in unterschiedlichsten Nischen entwickelt hatte, aber bislang nicht darüber hinausgekommen war. Sie galt lange Zeit als eine »Monstrosität«, an die sich zwar viele Hoffnungen und Erwartungen knüpften, deren Alltagstauglichkeit von vielen Zeitgenossen jedoch bezweifelt wurde. Bis zu einem dominanten Design des Elektromobils schien es noch ein weiter Weg zu sein. Zudem zeigte sich das System des Verbrennungsmotors als stabil und resistent gegenüber Veränderungen.

Mittlerweile mehren sich die Anzeichen, dass diese Ultrastabilität des Regimes der Automobilität der Vergangenheit angehört. Im Zuge der Klimadebatte waren erste Zweifel aufgekommen, ob der Verbrennungsmotor langfristig der richtige Weg ist. Das Regime geriet also von Seiten der »landscape« unter Druck. Zudem zeigt es einige Schwächen, beispielsweise ablesbar an der Tatsache, dass die chinesische Regierung die Elektromobilität massiv fördert und so nicht das alte Regime, sondern das neue stützt. Mit der Infragestellung des Konzepts der »Rennreiselimousine«,[8] mit der man schnell und preiswert große Strecken zurücklegen kann, und dem Aufkommen des neuen Paradigmas nachhaltiger Mobilität gerieten zudem die Bewertungskriterien in Bewegung. Hier hat sich ein Fenster geöffnet, das es der Elektromobilität ermöglicht, sich sukzessive neben dem alten Regime zu etablieren und damit eine Entwicklung in Gang zu setzen, die langfristig zur Ablösung des Verbrennungsmotors führen könnte. Die Anzeichen verdichten sich, dass etwas in Bewegung geraten ist: Europäische Großstädte wie London, Paris oder Oslo planen mittelfristig, den Verbrennungsmotor komplett zu verbannen. Und große Autokonzerne, die wesentliche Stützen des alten Regimes waren, stellen ihre Entwicklung und Produktion mit großen Schritten auf Elektromobilität um. Die Zeit der Nischenexperimente scheint vorbei zu sein.

Das MLP hilft, diesen Prozess zu verstehen und analysieren: Die Verknüpfung der Prozesse auf den drei Ebenen Nische, Regime und Kontext führt zunächst zu einer Destabilisierung des alten Regimes und dann nach einer Phase großer Turbulenzen zur Entstehung und Stabilisierung eines neuen soziotechnischen Systems. Das MLP bietet somit eine solide konzeptionelle Basis für empirische Studien zum soziotechnischen Wandel in unterschiedlichen Bereichen. Der folgende Abschnitt zeigt eine exemplarische Anwendung auf das Regime des Automobils.

Wandel durch Rückbau eines soziotechnischen Systems

Wenn ein Regimewechsel nicht auf »natürlichem« Wege zustande kommt, etwa durch Erosion des alten Regimes, und die Beharrungskräfte des etablierten Regimes zu groß sind, müssen gegebenenfalls aktive Maßnahmen zum Rückbau des alten Regimes ergriffen werden, um den Prozess des Wandels zu initiieren beziehungsweise zu beschleunigen. Der deutsche Atomausstieg ist ein Beispiel für dieses Verfahren der aktiven Beendigung eines komplexen soziotechnischen Systems.[9]

Wir haben das Regime der Automobilität unter dieser Perspektive der Diskontinuierung untersucht und festgestellt, dass es erste Risse bekommen hat, sich aber bislang als erstaunlich stabil erwiesen hat. Eine vollständige Ablösung war bis vor Kurzem kaum vorstellbar. Vor allem die nationalen Verkehrspolitiken in Ländern wie Deutschland, Frankreich oder Großbritannien waren stark auf die bekannten Muster der Mobilität mit Autos mit Verbrennungsmotoren ausgerichtet. Alle Programme zur Förderung von Alternativen waren entweder halbherzig oder schlecht koordiniert, sodass die Alternativen kaum in der Lage waren, ihre jeweiligen Nischen zu verlassen. Einzig die EU hat in den letzten Jahren im Zuge der Klimadebatte immer stärker auf einen Umbau der Mobilität gedrungen und so das Regime unter Druck gesetzt. Zudem zeigt »Dieselgate«, dass das etablierte Regime offenkundig versucht hat, den bestehenden Pfad durch Betrug und Täuschung zu verlängern, statt rechtzeitig auf Alternativen umzusteigen.[10]

Den Stand des Regimes der Automobilität um das Jahr 2015, also noch vor »Dieselgate«, konnte man anhand der oben eingeführten sechs Dimensionen charakterisieren: Im Bereich der Technologie forderten alternative Antriebe wie der Elektromotor den Verbrennungsmotor vor allem in puncto klimaschädlicher Emissionen heraus. Besonders in Großstädten hatten sich neuartige Nutzerpraktiken wie das Carsharing in einer stetig wachsenden Nische etabliert, die dank digitaler und mobiler Buchungs- und Abrechnungsverfahren (via Smartphone) erheblich an Beliebtheit gewonnen haben. Damit einhergehend, hat das Automobil seine kulturelle Funktion als Statussymbol teilweise eingebüßt und an die IT-Technik (Smartphone, Smart Home etc.) beziehungsweise die Umwelttechnik (Photovoltaikanlagen) abgegeben.

Neue Akteure aus anderen Branchen wie der Energiewirtschaft (RWE) und der IT-Wirtschaft (Google) oder Newcomer wie Tesla haben sich zudem zu ernstzunehmenden Konkurrenten entwickelt, die das klassische Wertschöpfungsmodell der Automobilwirtschaft, nur Motoren selbst zu bauen und den Rest von Zulieferern beisteuern zu lassen, grundlegend infrage stellen. Das lange vorherrschende Muster einer einseitig auf die Förderung des Automobils ausgerichteten Verkehrspolitik wird zudem im Kontext klimapolitischer Programme der EU zunehmend infrage gestellt. Schließlich stößt der extensive Ausbau der Straßeninfrastruktur seit Längerem an seine Grenzen und wird ersetzt durch einen intensiven Ausbau in Form einer Digitalisierung sämtlicher Komponenten und, damit einhergehend, eines intelligenten Managements des Verkehrssystems. Damit wird jedoch der Weg für intermodale Lösungen frei, die mittelfristig die einseitige Ausrichtung auf das Automobil hinter sich lassen könnten.

Offenkundig bedarf es erheblicher Anstöße aus der Nische beziehungsweise der »landscape«, um das bestehende Regime der Automobilität grundlegend zu verändern. Hierbei könnten wiederum die Digitalisierung und die sich entwickelnde Echtzeitgesellschaft eine wesentliche Rolle spielen. Denn autonome, elektrisch betriebene Fahrzeuge sind ein Baustein einer nachhaltigen Verkehrswende, die nicht nur auf emissionsarme Fahrzeuge setzt, sondern auch den Verzicht auf das eigene Auto und stattdessen die kurzfristige Nutzung von On-demand-Mobilitätsdiensten möglich macht.

Will man untersuchen, wie sich der Wandel komplexer soziotechnischer Systeme vollzieht, vor allem aber, an welchen Stellschrauben man drehen könnte, um die nachhaltige Transformation des Verkehrssystems zu forcieren, bietet sich wiederum die Computersimulation als eine Methode an, die es erlaubt, unterschiedliche Szenarien durchzuspielen und Was-wäre-wenn-Fragen zu untersuchen.

Simulation 3: Der Simulator SimCo

Der Simulator SimCo wurde an der TU Dortmund entwickelt, um die Steuerung komplexer soziotechnischer Systeme zu untersuchen, beispielsweise des Verkehrssystems oder des Energiesystems. Dabei geht es zum einen um das Risikomanagement in Echtzeitprozessen, zum anderen um Fragen der nachhaltigen Transformation. Anders als bei SUMO-S (vgl. Kapitel 4) wurde jedoch bewusst darauf verzichtet, ein konkretes System abzubilden. Stattdessen besteht das Simulations-Framework aus abstrakten Knoten und Kanten, die szenariospezifisch ausgestaltet werden können. Dafür verfügen sie über frei parametrisierbare Dimensionen. Ein Knoten kann beispielsweise eine Kreuzung, ein Parkhaus, ein Bahnhof, eine Ladestation, aber auch ein Supermarkt, ein Kino oder ein Kindergarten sein. Eine Kante ist eine gerichtete Verbindung zwischen zwei Knoten, beispielsweise in Form einer Straße, die von unterschiedlichen Verkehrsmitteln genutzt werden kann, aber auch in Form einer Busspur, eines Fahrradweges oder einer Autobahn, die nur einem spezifischen Verkehrsmittel zur Verfügung steht.[11]

SimCo ist eine agentenbasierte Modellierung und Simulation, was bedeutet, dass die Dynamik und die Komplexität auf Systemebene durch die Interaktion einer Vielzahl heterogener Agenten erzeugt werden. Deren Entscheidungen lassen sich mithilfe soziologischer Handlungstheorien abbilden, die besagen, dass jeder Agent auf Basis seiner individuellen Präferenzen und Zielvorstellungen und unter Berücksichtigung der Situation, in der er sich befindet, die Handlungsalternativen wählt, mit der er sich subjektiv am besten stellt. Der eine Agent wird also mit dem Auto zur Arbeit fahren, der andere mit dem Fahrrad.

Eine Besonderheit von SimCo besteht darin, dass die Agenten in ihren Entscheidungen von den infrastrukturellen Rahmenbedingungen beeinflusst werden, also zum Beispiel von der Verfügbarkeit von Radwegen (Kanten) beziehungsweise Ladestationen für Elektroautos (Knoten). Diese Komponenten der Infrastruktur bilden zugleich die Ansatzpunkte für steuernde Eingriffe, wenn beispielsweise das Fahren mit dem Auto verteuert und die Benutzung öffentlicher Verkehrsmittel verbilligt wird oder neue Ladestationen errichtet werden.

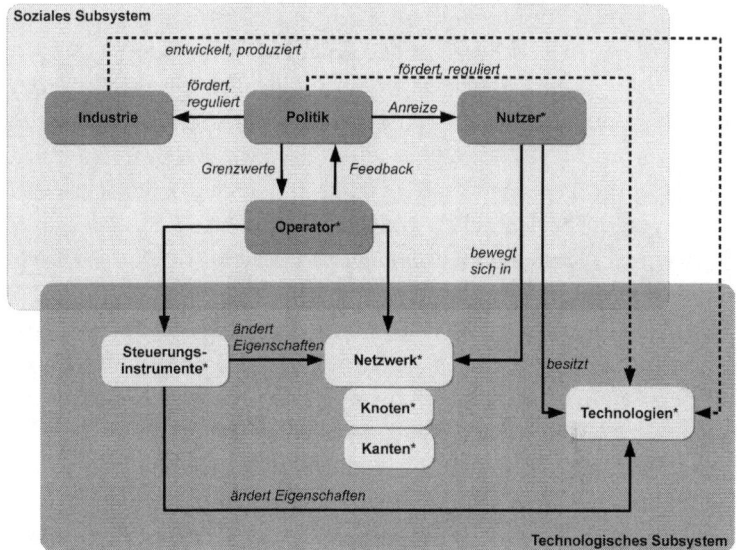

Abbildung 15: Subsysteme von SimCo und deren Verknüpfungen
(Quelle: Adelt u. a. 2018)

In der Endausbaustufe wird der Simulator SimCo aus einer Vielzahl von Modulen bestehen, die soziale Akteure und technische Komponenten abbilden. Bislang haben wir bereits die Module implementiert, die in Abbildung 15 mit einem Stern (*) markiert sind: (1) Die Nutzerinnen und Nutzer bewegen sich durch das Netzwerk, um ihre Aufgaben zu erledigen, die wir mit einer Liste abgebildet haben, die aus drei Aufgaben besteht (Kinder zum Kindergarten bringen, zur Arbeit fahren, im Supermarkt einkaufen). (2) Das Netzwerkmanagement soll für einen reibungslosen Betrieb sorgen und im Zweifelsfall mit einem Repertoire abgestufter Maßnahmen eingreifen. (3) Unternehmen bieten Transportdienstleistungen an (Bus und Bahn), andere stellen die benötigten Technologien her und vertreiben sie, darunter etablierte Technologien, aber auch innovative Alternativen (Elektroautos). (4) Die Politik trifft Entscheidungen über die Struktur des Netzwerkes (Ausbau der Radwege), setzt Grenzwerte fest (in Bezug auf Emissionen) und fördert schließlich auch Alternativen (Elektroladestationen).[12] Hinzu kommen noch die bereits erwähnten technischen Module (Knoten, Kanten und Technologien) sowie schließlich die Steuerungsinstrumente.

Agenten, die sich durch das Netzwerk bewegen, verändern bei jedem Zug den Zustand der Knoten und Kanten, und zwar in unterschiedlichen Dimensionen. Bei der Fahrt mit dem Auto zur Arbeit belegt ein Agent beispielsweise ein Stück Straße und stößt zudem Emissionen aus. In beiden Fällen können Grenzen erreicht werden, etwa die maximale Kapazität einer Straße, nach deren Erreichung es einen Stau gibt. Werden politisch definierte Grenzwerte für Emissionen erreicht, können zudem Fahrverbote verhängt werden. Der Agent verändert durch seine Aktionen seinen eigenen Zustand, weil die Nutzung bestimmter Knoten und Kanten Kosten verursacht (Benzinkosten, Parkgebühren, Maut), der Besuch anderer Knoten (Arbeitsstätte) hingegen Einkommen generiert. Und schließlich nutzt er die ihm zur Verfügung stehende Technologie ab. Irgendwann muss das Fahrrad ersetzt beziehungsweise eine neue Monatskarte für den öffentlichen Nahverkehr gekauft werden.

Durch die Aktionen und Interaktionen einer Vielzahl von Agenten verändert sich der Zustand des Gesamtsystems permanent. Der nächste Agent, der die betreffende Straße nutzen will, trifft bereits auf eine andere Situation als sein Vorgänger und entscheidet sich möglicherweise anders, nämlich für die Nutzung des Fahrrads, was wiederum Auswirkungen auf die folgenden Entscheidungen anderer Agenten hat usw. Agentenbasierte Modelle sind also in der Lage, die Entscheidungen einer Vielzahl von Agenten abzubilden und die aus ihnen resultierenden komplexen Systemdynamiken zu beschreiben und zu analysieren.

Der Simulator SimCo bildet ein komplexes soziotechnisches System ab, das im Echtzeitmodus operiert. Die Agenten orientieren sich bei ihren Entscheidungen an der aktuellen Verkehrssituation und werden dabei von Informationen beeinflusst, die das Netzwerkmanagement in Echtzeit generiert. Und umgekehrt basieren die Analysen, die das Netzwerkmanagement vornimmt, auf Daten, welche die Agenten sowie die anderen Komponenten des Systems in Echtzeit produzieren.

SimCo enthält eine Vielzahl von Hebeln und Stellschrauben, über die in das Geschehen eingegriffen werden kann. Dies kann aus unterschiedlichen Gründen geschehen. Wenn *Risikomanagement* das Ziel ist, geht es um die Bewältigung von Risiken, die zu Fehlfunktionen, zum Stillstand oder gar zum Zusammenbruch des Systems führen können (Verkehrsstau, Blackout im Stromnetz). In diesem Fall wird das Netzmanagement versuchen, Abweichungen vom Soll-Zustand durch Gegensteuern (negatives Feedback) zu verhindern, um so die Stabilität des Systems zu gewährleisten beziehungsweise wiederherzustellen. Wenn hingegen *Systemtransformation* das Ziel ist, geht es darum, das System beispielsweise in Richtung Nachhaltigkeit zu verändern. Steuernde Eingriffe werden in diesem Fall darauf abzielen, Abweichungen zu verstärken (positives Feedback), um auf diese Weise einen Trend in Gang zu setzen, der zum Regimewechsel führen soll (zum Beispiel durch Subventionen für Photovoltaikanlagen). In der softwaretechnischen Implementation unterscheiden sich beide Konzepte überraschenderweise wenig, geht es doch im Wesentlichen darum, durch entsprechende Anreize und Eingriffe ein erwünschtes Verhalten auf Agentenebene wahrscheinlicher zu machen und ein unerwünschtes zu verhindern.

Steuernde Eingriffe setzen an den Dimensionen von Knoten, Kanten, Technologien oder Agenten an, indem sie beispielsweise die Nutzung einer Technologie auf einer Kante verteuern (Pkw-Maut) oder auf einem Knoten nur die Nutzer einer bestimmten Technologie zulassen (Radparkhaus). Ähnlich wie im Fall von SUMO-S kommen dabei drei unterschiedliche *Governance-Modi* zum Einsatz: Im Modus der Selbstkoordination koordinieren sich die Agenten untereinander, und das Netzwerkmanagement beobachtet das Geschehen lediglich. Dies ist zugleich unser Basisszenario. Im Fall der weichen Steuerung, die mit negativen oder positiven Anreizen operiert, soll ein bestimmtes Verhalten attraktiver oder unattraktiver werden. Und im Modus der harten Steuerung schließlich sind Verbote möglich, beispielsweise das Verbot der Nutzung bestimmter Technologien auf bestimmten Knoten oder Kanten.

SimCo ist in NetLogo programmiert, einer Programmiersprache, die häufig für sozialwissenschaftliche Experimente genutzt wird.[13] Es hat ein grafisches Nutzer-Interface (vgl. Abbildung 16), in dem die Struktur des Netzwerks angezeigt und verschiedene Messwerte ausgegeben werden.

Das abstrakte Simulationsmodell erlaubt es, unterschiedliche Szenarien zu konfigurieren und zu laden. Wir haben uns für das Szenario

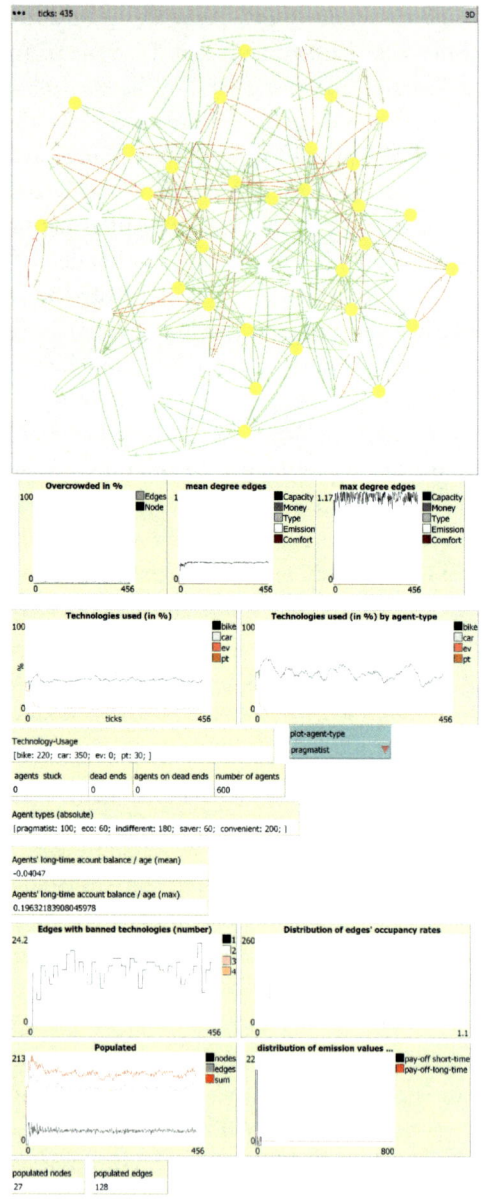

Abbildung 16 a–b: Grafische Benutzeroberfläche von SimCo
(vereinfachte Darstellung, Quelle: Adelt u. a. 2018)

eines Verkehrssystems in einer mittleren deutschen Großstadt entschieden, das wir mit Daten der Stadt Dortmund kalibriert haben. Zudem haben wir auf Basis einer Befragung von 506 Personen und deren Präferenzen unterschiedliche Agententypen identifiziert: den Pragmatiker, der im Wesentlichen schnell ans Ziel kommen will; den Umweltbewussten, dem die Umweltauswirkungen des Transports am wichtigsten sind; den Indifferenten, der keine klaren Präferenzen hat; den Sparfuchs, der fast ausschließlich auf den Preis schaut; und schließlich den Komfortorientierten, dem neben der Geschwindigkeit vor allem der Komfort wichtig ist (vgl. Tabelle 12).[14]

Akteurtypen	Präferenzen				Anzahl	Anteil
	Preiswert	Schnell	Umweltfreundlich	Komfortabel		
Pragmatiker	3,7	**6,8**	2,4	1,2	119	24 %
Umweltbewusster	4,4	2,0	**7,6**	1,9	123	24 %
Indifferenter	4,0	4,6	2,8	4,2	157	31 %
Sparfuchs	**9,0**	4,7	3,7	0,7	58	11 %
Komfortorientierter	0,6	**6,4**	0,2	**6,8**	49	10 %
Summe					506	100 %

Tabelle 12: Akteurtypen und deren Präferenzen (Skala von 0 bis 10, Quelle: Teigelkamp 2015)

Bei der Befragung wurde auch erhoben, wie die Wahrscheinlichkeit eingeschätzt wurde, mit bestimmten Technologien die angestrebten Ziele zu erreichen, also zum Beispiel mithilfe des Fahrrads schnell oder günstig zum Ziel zu kommen. Alle diese Daten sind in ein Szenario eingeflossen, mit dem wir unterschiedliche Experimente durchgeführt haben.

Experimente mit dem Simulator SimCo

Das Basisszenario, in dem die Agenten sich ohne Beeinflussung von außen selbst koordinieren, bietet den Referenzpunkt für Vergleiche mit drei Steuerungsszenarien. Wie in Tabelle 13 abzulesen ist, haben alle drei Varianten von Steuerung erhebliche Auswirkungen, und zwar in puncto Verringerung der Kapazitätsauslastung sowie der Emissionen, aber auch beim Modal split, also den relativen Anteilen von Fahrrädern, Autos und öffentlichem Verkehr.

Governance-Modus	*Mittlere Auslastung der Kanten**	*Mittlere Emissionen (kurzfristig)**	*Mittlere Emissionen (langfristig)**	*Modal split*		
				Fahrrad	*Auto*	*ÖPNV*
Selbstkoordination	21,36 %	17,96 %	33,28 %	31,61 %	62,45 %	5,94 %
Weiche Steuerung	**15,79 %**	**12,76 %**	**24,66 %**	46,05 %	**37,48 %**	**16,47 %**
Harte Steuerung	19,13 %	15,55 %	28,92 %	41,44 %	52,08 %	6,47 %
Kombination (weich/hart)	16,37 %	12,88 %	**24,65 %**	49,94 %	38,95 %	11,10 %

Tabelle 13: Experimente mit SimCo zur Verkehrssteuerung
(* = in Prozent der jeweiligen Grenzwerte, Quelle: Adelt u. a. 2018)

Ähnlich wie bei den Experimenten mit SUMO-S hat auch hier die weiche Steuerung, die mit Anreizen operiert, den größten Effekt, ablesbar an den fett gedruckten Werten. Die harte Steuerung, die über Verbote wirkt, zeigt hingegen weniger Auswirkungen, beispielsweise bei der Verlagerung zugunsten des öffentlichen Nahverkehrs. Eine Kombination von harter und weicher Steuerung liefert nur bei einem Indikator das beste Ergebnis, das aber nur wenige Prozentpunkte über dem der weichen Steuerung liegt. Dies lässt die Schlussfolgerung zu, dass man bereits mit weicher Steuerung eine Menge erreichen kann und nicht zu harten Maßnahmen greifen muss, um einen Wandel in Richtung Nachhaltigkeit zu erzielen.

Diese Effekte lassen sich folgendermaßen erklären: Harte Eingriffe, zum Beispiel durch Fahrverbote für einzelne Straßen, führen lediglich zu einer kurzfristigen Veränderung des Verhaltens der Agenten. Sie weichen auf andere, nicht gesperrte Routen aus. Oder sie wechseln das Verkehrsmittel, tun dies aber nur vorübergehend und kehren zu ihren angestammten Routinen zurück, sobald das Fahrverbot wieder aufgehoben wird. Ein langfristiger Lerneffekt findet hier nicht statt. Der Graph links unten in Abbildung 17 schwankt lediglich um einen nahezu konstanten Wert.

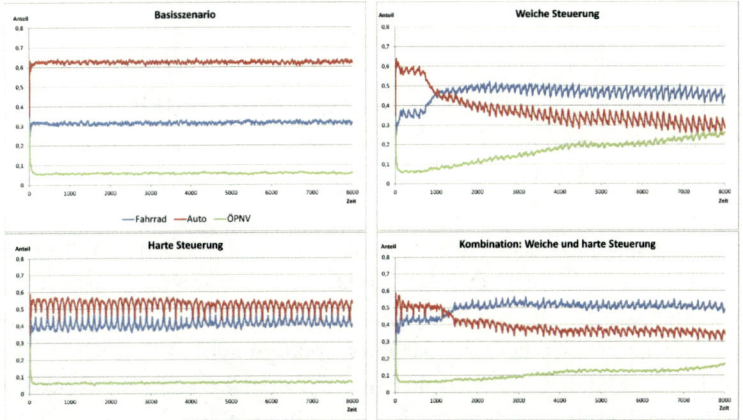

Abbildung 17: Auswirkungen der Governance-Modi auf die Technologienutzung (blau: Rad, rot: Auto, grün: ÖPNV, Quelle: Adelt u. a. 2018)

Weiche Eingriffe hingegen, die mit Anreizen operieren, führen zu einem Umdenken und damit auf mittlere Sicht zu einem Lernprozess, der sich in einem veränderten Modal split niederschlägt. Die Agenten lernen, dass ihre angestammten Mobilitätsroutinen nicht mehr zielführend sind und beginnen, ihr Verhalten schrittweise zu verändern und neue Routinen zu entwickeln. Wie der Graph rechts oben in Abbildung 17 zeigt, schlägt sich dies zugunsten umweltfreundlicher Verkehrsträger (Rad und ÖPNV) und zuungunsten der Pkw-Nutzung nieder.

Mithilfe der Simulationsexperimente, die wir mit dem Simulator SimCo durchgeführt haben, kann man Ansatzpunkte einer Transformation soziotechnischer Systeme identifizieren. SimCo erlaubt es, unterschiedliche Szenarien mit politisch definierten Zielvorstellungen durchzuspielen und auf ihre Wirksamkeit sowie mögliche nicht intendierte Nebenfolgen hin zu testen. Ob es beispielsweise sinnvoller ist, den Kauf von Elektroautos zu subventionieren oder aber Carsharing zu fördern (oder möglicherweise beides in Kombination), kann man mit SimCo durchspielen, bevor derartige Maßnahmen in die Praxis umgesetzt werden.

Fazit

Das Mehrebenenmodell soziotechnischen Wandels (MLP) ist ein heuristisches Instrument, das für die Untersuchung der nachhaltigen Transformation soziotechnischer Systeme sehr wertvoll ist. Mit seiner Unterscheidung der drei Ebenen Nische, Regime und »landscape«, vor allem aber mit dem Fokus auf die Interaktion dieser drei Ebenen hilft es zu verstehen, wie ein Regimewechsel funktioniert und was die hemmenden und treibenden Faktoren sind. Mithilfe des MLP lassen sich nicht nur die relevanten Elemente des Regimes, sondern auch Ansatzpunkte für politische Maßnahmen identifizieren. Dabei spielt auch der Rückbau des alten Regimes eine wichtige Rolle, das in der Regel das Terrain nicht kampflos aufgibt. Bei der Beantwortung der Frage nach der Machbarkeit nachhaltiger Transformation kann die Computersimulation wiederum einen wichtigen Beitrag leisten, ist es doch mithilfe von Simulationsexperimenten möglich, sowohl die Funktionsweise und Dynamik komplexer soziotechnischer Systeme als auch die Wirksamkeit politisch motivierter Interventionen in diese Systeme zu analysieren.

Die Experimente mit dem Simulator SimCo haben gezeigt, dass es möglich ist, die Umweltauswirkungen des Verkehrs zu reduzieren und einen Umstieg auf umweltfreundliche Verkehrsmittel zu fördern. Im Vergleich unterschiedlicher Governance-Modi schneidet dabei die weiche Steuerung, die mit Anreizen operiert, deutlich besser ab als die harte Steuerung, die auf Verboten basiert. Durch die weiche Steuerung werden auf mittlere Sicht Lernprozesse initiiert, die zu einer dauerhaften Veränderung des Verhaltens der Agenten führt.

Damit öffnet sich auch die Perspektive zu untersuchen, welche Rolle die Echtzeitsteuerung komplexer Systeme bei deren nachhaltiger Transformation spielen könnte. Wie wirkungsvoll ist es, wenn die steuernden Signale in Echtzeit, also als Reaktion auf eine sich zuspitzende Umweltsituation erfolgen? Navigationsgeräte zeigen heute zumeist die schnellste Route an. Aber sie könnten in Zukunft auch dazu genutzt werden, den Akteuren Impulse zu geben, ihr Mobilitätsverhalten in Richtung Nachhaltigkeit zu verändern, zum Beispiel durch die Wahl anderer Routen oder den Umstieg auf andere Verkehrsmittel. Wird eine derartige nachhaltige Echtzeitsteuerung des Verkehrs funktionieren? Wird sie die gewünschten Effekte erzielen? Wird dies auf Akzeptanz bei den betroffenen Akteuren stoßen? Und wird es eines Tages auch Navigationsgeräte für das Energiesystem geben, die uns helfen, Phasen der Windstille genauso zu bewältigen wie heutzutage den Stau auf den Straßen?[15]

6. Die Politik der Echtzeitgesellschaft

Das letzte Kapitel dieses Buches soll der Frage nachgehen, wie eine politische Steuerung der Echtzeitgesellschaft aussehen könnte. Kann die Politik überhaupt gestaltend Einfluss auf Prozesse nehmen, die sich aufgrund der Menge an Daten und der enormen Geschwindigkeit einer Feinsteuerung durch staatliche Instanzen tendenziell entziehen? Mehrfach schon habe ich in diesem Buch Fragen der Steuerung, aber auch der Echtzeitsteuerung komplexer Systeme thematisiert. Hier soll noch einmal resümiert und reflektiert werden, wie die Echtzeitgesellschaft funktioniert und wie komplexe soziotechnische Systeme *operativ* gesteuert werden. Darauf aufbauend, wird dann die Frage gestellt, wie eine *politische* Regulierung und Gestaltung der Echtzeitgesellschaft aussehen könnte, mit welchen Instrumenten und Mechanismen also die Politik dieses Problem angehen sollte. Es deutet sich an, dass die Steuerung intelligenter ansetzen muss als bisher, indem sie unterschiedliche Formen von Governance auf geschickte Weise kombiniert. Dies gilt für die Echtzeitsteuerung des Verkehrs- oder des Energiesystems, aber auch für das Management von Transformationsprozessen. Kann die Politik daraus lernen, wie neue, moderne Formen einer intelligenten Regulierung der Echtzeitgesellschaft aussehen könnten?

Echtzeitsteuerung komplexer Systeme

Die Digitalisierung der Welt hat zur Folge, dass große Mengen Daten anfallen, die das reale Verhalten von Nutzern widerspiegeln (in Form von Facebook-Likes, Shopping-Aktivitäten, SMS, Positionsdaten etc.). Da hier auch private, teilweise sogar sensible Daten erfasst werden, hat sich der öffentliche, aber auch der wissenschaftliche Diskurs der letzten Jahre stark auf Fragen des Datenschutzes und Datenmissbrauches konzentriert.[1] Es ist zweifellos wichtig, die Befürchtungen und Ängste von Bürgerinnen und Bürgern ernst zu nehmen und Maßnahmen zum Schutz der Privatsphäre, aber auch zum Schutz der digitalen Infrastruktursysteme vor Angreifern zu entwickeln. Allerdings wäre es fahrlässig, eine bislang kaum beachtete Dimension der Echtzeitgesellschaft außer Acht zu lassen: die der Echtzeitsteuerung komplexer soziotechnischer Systeme.

Die Befassung mit möglichen kriminellen Machenschaften und Datenschutzrisiken verstellt leicht den Blick dafür, dass die Erfassung von Daten im Zeitalter von Big Data nicht nur darauf abzielt, die Welt zu beschreiben und zu analysieren, sondern auch steuernd in ihre Abläufe einzugreifen, und zwar zunehmend in Echtzeit, also im Moment des Geschehens. Mithilfe des »reality mining« könne man Krankheiten heilen, Staus vermeiden oder Betrug, Kriminalität und Terrorismus effizient bekämpfen – so die technokratische Vision, die von einem enormen Fortschritts-, aber auch Steuerungsoptimismus getragen wird. Ziel ist es, eine bessere, schönere Welt zu schaffen und zu gestalten.[2]

Ein wichtiges Instrument ist dabei die Identifikation von Mustern in den Datenmassen (vgl. Kapitel 3), die beispielsweise das typische Verhalten von Supermarktkunden beschreiben. Sie können dazu genutzt werden, das Kaufverhalten mithilfe des »behavioural targeting« und entsprechender Anreize sanft zu steuern. Auf Basis realer Verhaltensdaten von Nutzern, die in Echtzeit gesammelt, aggregiert und aufbereitet werden, wird ein individuelles Profil jedes Kunden angelegt und mit den entsprechenden Mustern abgeglichen. Die Identifikation von Mustern und Trends in großen Datensets ermöglicht es aber auch, Prognosen künftiger Ereignisse abzugeben und auf dieser Basis das Verhalten einzelner Individuen, aber auch ganzer Kollektive gezielt zu beeinflussen und in eine gewünschte Richtung zu steuern.[3]

Ein Beispiel ist das »predictive policing«, die vorausschauende Polizeiarbeit. Sie beansprucht, Vorhersagen über Kriminaldelikte treffen zu können, was dazu beitragen soll, die Einsatzkräfte der Polizei gezielt zu steuern und effizient einzusetzen. Ähnlich funktioniert »fraud detection«, die Aufdeckung von Betrugsfällen auf Basis der Durchforstung großer Datenmengen. Hier kommen zudem Bewertungen ins Spiel, die das jeweilig individuelle Verhalten als innerhalb (beziehungsweise außerhalb) der Norm stehend einstufen. Auf Basis derartiger Normalitätserwartungen ist es dann möglich, Anomalien zu identifizieren und Betrugsfälle aufzudecken.[4]

Die flächendeckende Digitalisierung der Systeme bis hin zum Endkunden sowie die umfassende Vernetzung selbst der mobilen Komponenten hat also die Option der Echtzeitsteuerung komplexer soziotechnischer Systeme Wirklichkeit werden lassen. Besonders deutlich wird dieser Trend in den Infrastruktursystemen des Verkehrs, der Energieversorgung oder der Information und Kommunikation, wie die folgenden Beispiele belegen.

Das erste Beispiel ist die Verkehrssteuerung. Im Straßenverkehr übermitteln Navigationsgeräte, aber auch Mobiltelefone permanent ihre Positionsdaten sowie weitere relevante Daten an eine Verkehrszentrale (bei TomTom oder Google Maps). Auf diese Weise werden die Fahrzeuge zu »Knoten im Netz«,[5] die es der Verkehrszentrale ermöglichen, in Echtzeit ein umfassendes Lagebild zu generieren. Dieses spielen sie wiederum in Echtzeit an die Nutzer zurück, verbunden mit Prognosen sowie Empfehlungen für alternative Routen, die passgenau auf den jeweiligen Nutzer zugeschnitten sind. Es findet also eine bidirektionale Datenkommunikation zwischen den dezentral agierenden Nutzern und einer Zentrale statt, die damit in die Lage versetzt wird, ein komplexes System in Echtzeit zu steuern. Dabei bleibt die Autonomie der einzelnen Akteure bestehen, denn sie erhalten lediglich Empfehlungen. Es steht ihnen frei, diesen zu folgen oder sie zu ignorieren. Insofern sprechen wir hier von einem neuen Modus der zentralen Steuerung dezentraler soziotechnischer Systeme.

Der globale Systemzustand ergibt sich fortlaufend aus einem dynamischen Wechselspiel von Steuerungsimpulsen, deren Ziel es ist, das globale Ganze zu optimieren, und individuellen Einzelentscheidungen, deren Ziel die lokale Optimierung ist, sowie den emergenten Effekten (zum Beispiel ein Stau), die sich aus diesen vielen Einzelentscheidungen ergeben. Darauf reagiert dann wiederum die globale Steuerung. Welcher Logik die weitgehend von Algorithmen vollzogene und hochautomatisierte Steuerung folgt, ist für jeden Einzelnen schwer nachvollziehbar, weil der Systemzustand sich permanent in Abhängigkeit von der aktuellen Situation ändert, und zwar auf eine kaum vorhersagbare Weise. Welche Steuerungsimpulse ausgesendet werden, kann sich also von Minute zu Minute ändern.

Ähnlich soll auch die Echtzeitsteuerung künftiger intelligenter Stromnetze (»smart grids«) funktionieren, die dazu beitragen soll, das politische Ziel der Energiewende umzusetzen. Dieser Umbau eines komplexen Systems soll – neben dem Umstieg auf regenerative Energieträger – durch eine intelligente Netzsteuerung erreicht werden. Diese zielt darauf ab, das Stromnetz zu optimieren und zu stabilisieren, indem sie unter anderem steuernd auf das Verhalten einzelner Individuen einwirkt. Die diesbezüglichen Visionen ähneln den Konzepten der Verkehrssteuerung, sehen aber eine deutlich stärkere Einschränkung der individuellen Entscheidungsautonomie vor, etwa im Fall eines drohenden Netzzusammenbruchs. Die Optimierung des Gesamtsystems, das im Echtzeitmodus operiert, hat hier also Vorrang vor der individuellen Optimierung.

Das Stromnetz, das bislang eine zentralistische Struktur hatte, erhält durch die erneuerbaren Energien eine radikal geänderte Systemarchitektur mit einer Vielzahl dezentraler Produzenten und Verbraucher. Dieser Paradigmenwechsel erfordert neue Ansätze der Netzsteuerung. Deren Aufgabe wird es in Zukunft sein, eine sichere und zuverlässige Stromversorgung zu gewährleisten und Blackouts zu verhindern. Ein Ansatz geht davon aus, dass sich der »Verbrauch an die jeweilige Stromproduktion anzupassen« hat, was nur funktionieren wird, wenn »die Nachfrage gelenkt wird«.[6] Mithilfe des Demand Side Managements soll es also möglich sein, einzelne Verbraucher, aber auch Erzeuger bei Bedarf vom Netz zu nehmen, um beispielsweise eine Überlast zu vermeiden. Dazu bedarf es intelligenter Steuerungskomponenten, die zum einen den Datenaustausch zwischen den dezentralen Einheiten und der Zentrale bewerkstelligen, aber auch Eingriffe der Zentrale in die dezentralen Prozesse ermöglichen. Die Autonomie des Verbrauchers wird in diesem Szenario durch eine überraschend harte, zentralistische Steuerung also deutlich eingeschränkt.[7]

Andere Szenarien propagieren ein Ampelkonzept, das zwischen einer grünen Phase, in der das Stromnetz von Marktkräften gesteuert wird, einer roten Phase, in der die Zentrale den hierarchischen Modus aktiviert, und einer gelben Phase unterscheidet, in der Verhandlungen zwischen den Akteuren stattfinden, die sich koordinieren und die erforderlichen Problemlösungen miteinander abstimmen.[8] Allen Zukunftskonzepten ist gemeinsam, dass auf Grundlage umfassender Daten in Echtzeit ein aktuelles Lagebild des Stromnetzes generiert wird, das es erlaubt gegenzusteuern, falls Störungen auftreten. Dabei werden sowohl Vorstellungen einer weichen Anreizsteuerung als auch Modelle harter zentralistischer Steuerung sowie Kombinationen dieser Governance-Modi diskutiert.

Die Echtzeitsteuerung komplexer soziotechnischer Systeme basiert also darauf, dass die Abfolge von Datengenerierung, Datenauswertung und Systemsteuerung sich iterativ in sehr kurzen Zyklen vollzieht. Ein aktuelles Lagebild ist somit jederzeit verfügbar und muss nicht – wie früher üblich – in zeitraubenden Prozeduren aus großen Mengen an Daten erarbeitet werden, die zum Zeitpunkt ihrer Verarbeitung jedoch oftmals bereits veraltet waren. Die Nutzer spielen einerseits die Rolle der Datenlieferanten, andererseits die Rolle der Anwender von Empfehlungen, welche die Systemsteuerer ihnen aufgrund von Prognosen zur Verfügung stellen, die mithilfe von Big-Data-Verfahren generiert wurden. Bei der Echtzeitsteuerung kommt zudem ein neuartiger Modus von »smart governance« zum Einsatz, der sich als die zentrale Steuerung dezentraler Systeme beschreiben lässt – eine Kombination, die bislang als nahezu undenkbar galt und in der politikwissenschaftlichen Governance-Literatur auch nur unzulänglich beschrieben ist. Ein besonderes Charakteristikum dieses Modus ist der direkte Zugriff der Zentrale auf die Komponenten des Systems – und zwar in beiden Richtungen: in Form der Datenübermittlung vom Nutzer zur Zentrale und umgekehrt.[9]

Die Echtzeitgesellschaft bringt eine neue Qualität der Steuerung soziotechnischer Systeme mit sich. Erstmals wird es möglich sein, dezentrale Systeme, in denen die Individuen autonome Entscheidungen treffen, zentral zu steuern, ohne der Hybris früherer planwirtschaftlicher Konzepte anheimzufallen, das Verhalten sämtlicher Systemkomponenten im Detail steuern zu wollen. Das Konzept verknüpft vielmehr die zentralistische Planung mit der dezentralen Selbstorganisation: Es belässt den Individuen die freie Entscheidung, zwischen unterschiedlichen Handlungsalternativen zu wählen, also ein *lokales* Optimum zu finden. Zugleich beeinflusst es jedoch deren Entscheidungsspielräume in einer Weise, die auf eine *globale* Optimierung des Systems abzielt. Die Autonomie des Individuums wird damit nicht so stark eingeschränkt wie etwa in klassischen Hierarchien, auch wenn sich die Handlungsspielräume zweifellos verengen. Die Entscheidungskompetenz der dezentral verteilten Komponenten bleibt nämlich erhalten – allerdings im Rahmen eines digital konstruierten Systemzustands, der von Algorithmen in Echtzeit erzeugt (und permanent verändert) wird und damit die Wahrnehmung möglicher Handlungsoptionen entscheidend prägt.

Welche Konsequenzen das für die Handlungsfähigkeit des Individuums mit sich bringt und ob wir eines Tages auch »smarte Menschen« haben werden, ist kaum abzusehen. Erkennbar ist eine Verschiebung von sequenzieller zu simultaner Planung. Eine langfristige Vorabplanung von Routen (beispielsweise mit einem Autoatlas) ist nicht mehr nötig, ermöglicht das Navigationssystem im Auto doch eine Ad-hoc-Planung, die simultan während der Fahrt erfolgen kann. Die dahinter liegenden Prozesse werden zunehmend automatisiert und hochgradig verdichtet ablaufen und damit für den einzelnen Nutzer immer weniger durchschaubar sein. Die Echtzeitsteuerung ist zudem von einer Logik der Kontrolle geprägt, die eine lückenlose Identifikation, Überwachung und Steuerung der Systemkomponenten beinhaltet. Wird dieses Kontrolldenken auf den privaten Alltag übertragen, bringt dies jedoch das Risiko einer Einschränkung der individuellen Freiheit und Selbstbestimmung mit sich.

Im Modus der Echtzeitsteuerung reagiert das Individuum kurzfristig auf den Systemzustand und richtet seine Entscheidungen an den aktuellen Gegebenheiten aus, ohne jedoch über ein vollständiges Lagebild zu verfügen und ohne einen (konventionell erstellten) Alternativplan in der Tasche zu haben, der im Falle von Störungen, Irritationen oder Systemausfällen hilfreich sein könnte. Damit wird es zunehmend schwieriger, eigene Pläne zu verfolgen oder alternative Optionen in Erwägung zu ziehen. Allein die kurzen Vorwarnzeiten sowie die knappen Zeitintervalle lassen es plausibel erscheinen, dass die Nutzer den Empfehlungen ihrer Apps mehr oder minder blind folgen werden.[10]

Die Digitalisierung des menschlichen Verhaltens erhöht einerseits den Komfort auf Seiten der Nutzer, bringt aber andererseits auch Gefahren mit sich. Dazu gehört insbesondere das Risiko einer zunehmenden Abhängigkeit und Verletzlichkeit. Das wird vor allem dann sichtbar, wenn die digitalen Systeme ausfallen. Zudem werfen die beschriebenen Entwicklungen die Frage nach Möglichkeiten der politischen Gestaltung und Steuerung der Echtzeitgesellschaft auf. Kann man die Verfahren und Algorithmen, die zur Echtzeitsteuerung komplexer soziotechnischer Systeme eingesetzt werden, noch politisch gestalten beziehungsweise kontrollieren, wenn die Prozesse hochautomatisiert und zudem in sehr kurzen Zeiträumen ablaufen und sich die Systemzustände in einer kaum reproduzierbaren Weise dynamisch ändern?

Politische Steuerung

Nachdem bislang die Frage im Mittelpunkt stand, wie die *operative* Steuerung komplexer soziotechnischer Systeme in den Bereichen Verkehr oder Energie funktioniert, soll nun diskutiert werden, ob es auch möglich ist, die Echtzeitgesellschaft *politisch* in eine gewünschte Richtung zu lenken, also nach normativen Zielvorgaben zu gestalten. Die Experimente mit dem Simulator SimCo haben zwar gezeigt, dass eine zielgerichtete Steuerung technisch möglich ist. Aber gibt es dazu auch eine passende soziologische Theorie?

Bei der Beantwortung dieser Frage stößt man auf die in der Soziologie verbreitete Auffassung, dass sich moderne Gesellschaften nicht steuern lassen. So hat etwa der Systemtheoretiker Niklas Luhmann immer wieder darauf insistiert, dass die Vorstellung von Steuerung »hart mit dem Faktum funktionaler Differenzierung [kollidiert]«[11], also mit der von ihm für unverrückbar gehaltenen Tatsache, dass die gesellschaftlichen Teilsysteme wie Wirtschaft, Politik und Wissenschaft operativ geschlossene Systeme sind, die es nicht vermögen, in die Operationsweise eines anderen Systems einzugreifen. Aber auch jenseits der Systemtheorie findet man immer wieder eine gewisse Steuerungsskepsis, die sich aus der Erkenntnis speist, dass moderne Gesellschaften komplexe Systeme sind, die sich kaum steuern lassen.[12]

Angesichts der selbstzerstörerischen Entwicklungen moderner Gesellschaften ist Nichtstun allerdings keine Option. Helmut Willke hat bereits in den 1980er-Jahren gewarnt, dass in Anbetracht einer »nicht mehr zu bändigenden funktionalen Differenzierung« die Gefahr bestehe, dass Gesellschaften »die Kontrolle über sich verlieren« und Risiken generieren, die zu einer irreversiblen Selbstgefährdung führen. Er hat daher ein Konzept der dezentralen Kontextsteuerung vorgeschlagen, das eine Kombination unterschiedlicher Steuerungsmechanismen enthält. Interventionen sollten demnach intelligent ansetzen und »Anreize zur Selbständerung« der betreffenden Systeme geben, deren Autopoiesis Willke ähnlich wie Luhmann nicht in Frage stellen will.[13]

Niederländische Forscher haben diese Idee Ende der 1990er-Jahre aufgegriffen und zum Konzept des Transition Management weiterentwickelt, einer Steuerungstheorie, deren Anliegen es ist, den soziotechnischen Wandel bewusst zu gestalten, ohne dabei der naiven Illusion einer mechanischen Steuerbarkeit moderner Gesellschaften mit den traditionellen Mitteln interventionistischer Politik zu verfallen. Derk Loorbach hält es ebenfalls für zwingend, die globalen gesellschaftlichen Probleme zu lösen. Auch er verweist darauf, dass komplexe Systeme »kaum im traditionellen Sinne gesteuert werden können« und daher »neue Governance-Ansätze« erforderlich seien.[14] Die Komplexität von Gesellschaft führt ihn also nicht zu einem Verzicht auf Steuerung, sondern veranlasst ihn, das scheinbar Unmögliche zu bewerkstelligen und sich auf die Suche nach neuen Formen der Steuerung komplexer Systeme jenseits von zentraler Planung und dezentraler Koordination zu machen.[15]

Der Begriff »Transition« hat für Loorbach zwei Facetten: Man kann ihn im Deutschen als soziotechnischen Wandel, aber auch als Umbruch, Wechsel beziehungsweise Ablösung eines soziotechnischen Regimes durch ein anderes deuten. Es handelt sich dabei, so Loorbach weiter, meist um längerfristige Prozesse. Diese können sich über einen Zeitraum von 25 Jahren erstrecken, in dem sich das System kontinuierlich wandelt und allmählich eine neue Struktur sichtbar wird. Krisen wie die Ölkrise der 1970er-Jahre oder Unfälle wie Tschernobyl (1986) oder Fukushima (2011) können diesen Prozess aber auch beschleunigen. Das

Ganze ist selbst ein komplexer Prozess, der sich auf verschiedenen Ebenen abspielt (»multi-level«), von unterschiedlichen Akteuren getragen wird (»multi-actor«) und mehrere Phasen durchläuft (»multi-phase«).[16]

Die aktive Gestaltung derartiger Transitionen erfordert, so Loorbach, einen neuen Typus von Governance. Dabei lehnt er sich zum einen an das Mehrebenenmodell soziotechnischen Wandels an (MLP, vgl. Kapitel 5), das Transformationsprozesse als Resultat des Zusammenspiels von Nische, Regime und »landscape« sieht. Zum anderen sucht er Bezüge zu Ulrich Becks Konzept der »reflexiven Modernisierung«. Er beschreibt seine Idee des Transition Managements als einen offenen, beteiligungsorientierten Ansatz, der eine Vielzahl von Akteuren mit unterschiedlichen Perspektiven, Werten und Interessen einbezieht und damit Raum für Experimente, Innovation und interaktives Lernen schafft, zum Beispiel in Nischen.

Transition Management betreibt also keine Steuerung im traditionellen Sinn, sondern trägt dazu bei, »Veränderungen in Richtung Nachhaltigkeit zu ermöglichen, zu fördern und zu lenken«.[17] Loorbach ordnet diesen Ansatz einer moderierten Koordination gesellschaftlicher Akteure (»society-based coordination«) in die Tradition der Planungsparadigmen ein, die von der Top-down-Steuerung der 1960er-Jahre über die Liberalisierung und das Laissez-faire der 1980er-Jahre zur reflexiven Steuerung der 2000er-Jahre reicht. Transition Management ist also ein dritter Weg zwischen zentraler Steuerung (Staat beziehungsweise Hierarchie) und dezentraler Koordination (Markt), der durch eine Kombination von langfristigen Visionen und kurzfristigem experimentellem Lernen geprägt ist. Das Modell ist zudem dezidiert als Politikinstrument konzipiert, das Ansatzpunkte für eine gezielte Steuerung des soziotechnischen Wandels zu identifizieren sucht.[18]

Das Konzept des Transition Managements ist vor allem in den Niederlanden mehrfach erprobt worden. Es basiert im Wesentlichen auf drei Instrumenten: Das strategische *Nischenmanagement* umfasst die Durchführung kontrollierter Experimente in geschützten Räumen. Auf diese Weise sollen technische Alternativen entwickelt, erprobt und eine Weile vor dem harten Selektionsdruck des Marktes geschützt werden. Zudem können so Erfahrungen gesammelt und das Wissen der Nutzer mobilisiert werden. Die Bildung von Allianzen und *Netzwerken* zwischen einer Vielzahl von Akteuren (Nutzer, Hersteller, Betreiber, Staat) dient insbesondere dem Zweck, eine Verständigung über das Design des neuen soziotechnischen Systems zu erzielen und so das Risiko für alle Beteiligten zu minimieren. Schließlich soll eine flankierende staatliche *Regulierung* (durch Grenzwerte, Quoten, finanzielle Anreize) verhindern, dass neue Technik den bestehenden Marktmechanismen allzu leicht zum Opfer fällt und stattdessen eine Chance erhält, langfristig erfolgreich zu sein.[19]

Jede dieser drei Strategien hat spezifische Stärken, aber auch Schwächen: Das strategische Nischenmanagement ermöglicht es, praktische Erfahrungen mit neuer Technik und neuen Nutzungspraktiken zu machen, schützt aber nicht davor, dass man möglicherweise auf die falsche Alternative gesetzt hat und lediglich Mitnahmeeffekte generiert. Allianzen und Netzwerke ermöglichen es, dass die Akteure sich wechselseitig auf eine Lösung verständigen, sind aber nicht davor gefeit, dass die Verständigung misslingt, wenn mächtige Interessengruppen dies zu verhindern suchen, beispielsweise die Vertreter des alten Regimes. Staatliche Regulierung, die Anreize setzt und sich dabei nicht auf eine bestimmte Technologie festlegt, kann die Kreativität der Industrie mobilisieren, stößt aber möglicherweise auf mangelnde technische Kompetenz sowie mangelnde Kooperationsbereitschaft oder gar Widerstand aufseiten der Industrie. Eine intelligente Kombination unterschiedlicher Maßnahmen könne, so die Verfechter des Transition Managements, deren Stärken nutzen, deren Schwächen vermeiden und so dazu beitragen, soziotechnischen Wandel zu initiieren beziehungsweise voranzutreiben.

Die steuerungstheoretische Debatte in den Sozialwissenschaften hat in den letzten Jahrzehnten eine Reihe von Konzepten entwickelt, die über den klassischen Dualismus von »Markt oder Staat« hinausweisen. Es wurden innovative Lösungen propagiert und erprobt, die die Verflechtung mehrerer Handlungsebenen in den Blick nehmen und auf die Koordination der gesellschaftlichen Akteure setzen. Zudem sind die Konzepte von einem verhaltenen Optimismus geprägt, dass Steuerung grundsätzlich möglich ist, wenn man sie anders als bisher konzipiert, nämlich als das intelligente Zusammenspiel von zentraler Planung und dezentraler Koordination. Wie dieser neue Governance-Modus konkret funktioniert und welche Chancen und Risiken er mit sich bringt, kann man in Feldversuchen und Pilotprojekten oder aber mithilfe von Simulationsexperimenten herausfinden, etwa denen zur nachhaltigen Transformation des Verkehrs, die wir mit dem Simulator SimCo durchgeführt haben.

Intelligente Regulierung der Echtzeitgesellschaft

Wenn Steuerung in dieser Weise neu erfunden wird, muss auch der Staat seine Rolle und die der Politik in der Echtzeitgesellschaft neu definieren. Bereits in den vergangenen Jahrzehnten haben sich gewaltige Veränderungen vollzogen, ablesbar auch am Beispiel kritischer Infrastruktursysteme. War der Staat in der Vergangenheit selbst Betreiber von Telekommunikationsnetzen oder Autobahnen, so kommt ihm auf den deregulierten Märkten der Gegenwart vor allem die Funktion des Koordinators und des Moderators zu. Seine Aufgabe wird es sein, die Aktivitäten unterschiedlicher gesellschaftlicher Akteure zu koordinieren und durch intelligente Regulierung dafür zu sorgen, dass ein reibungsloser Betrieb komplexer soziotechnischer Systeme gewährleistet werden kann, die sich auf einen breiten gesellschaftlichen Konsens stützen können.[20]

Dennoch stellt sich die Frage, ob der Staat der Zukunft mehr kann als das Gemeinwohl zu verwalten, oder ob er auch in der Lage ist, politisch zu gestalten und die Gesellschaft auf Basis normativer Zielvorgaben weiterzuentwickeln – beispielsweise in Richtung Nachhaltigkeit. Das Konzept des Transition Managements hat gezeigt, dass eine nachhaltige Umsteuerung durchaus denkbar und machbar erscheint. Dass die Politik prinzipiell über Gestaltungsoptionen verfügt, haben die Experimente mit dem Simulator SimCo deutlich gemacht. Deshalb soll abschließend die Frage diskutiert werden, ob und inwiefern es möglich ist, komplexe soziotechnische Systeme nicht nur operativ in Echtzeit zu steuern, sondern auch politisch so zu regulieren, dass gesellschaftlich wünschenswertes Verhalten gefördert und unerwünschtes Verhalten verhindert wird.²¹ Dabei wird das Augenmerk auf innovativen Mechanismen einer intelligenten politischen Steuerung liegen.

Einerseits gibt es enormen Handlungsbedarf, der staatliches Eingreifen erforderlich macht. Digitaler Wandel und nachhaltige Transformation der Infrastruktursysteme sind die mehrfach genannten Stichworte. Andererseits sieht sich auch der Staat mit erheblichen Unsicherheiten konfrontiert. Diese resultieren nicht nur aus den Risiken von Transformationsprozessen, sondern auch aus Begrenztheiten eines traditionellen Steuerungskonzepts, welches das Verhalten der gesellschaftlichen Akteure top-down zu steuern versucht. Die gilt in verstärktem Maße, wenn die zu steuernden Systeme in Echtzeit operieren, also dem politischen Regulator sowohl die Zeit als auch die Kapazitäten fehlen, deren interne Prozesse nachzuvollziehen.

Ausgangspunkt der folgenden Überlegungen ist daher die Annahme, dass in modernen Gesellschaften kein Akteur, auch nicht der Staat, in der Lage ist, das Verhalten anderer gesellschaftlicher Akteure kleinschrittig zu steuern. Denn die oftmals gut organisierten Akteure besitzen eine hohe Autonomie und haben ein großes Potenzial der Selbstregulierung, was sie tendenziell resistent gegen Versuche der interventionistischen Steuerung macht.²² Etwas konkreter formuliert: Kein noch so mächtiger Staat der Welt vermag es, Internetriesen wie Google feinzusteuern. Allein das mangelnde Detailwissen der internen Strukturen sowie die fehlenden Kompetenzen zur Kontrolle der relevanten Prozesse machen dies unmöglich.

Steuerung muss daher – im Sinne Willkes – »intelligent« ansetzen, das heißt, Rahmenbedingungen schaffen, die den Adressaten dazu bringen, im eigenen Interesse das Richtige beziehungsweise Erwünschte zu tun. Ein instruktives Beispiel ist die amerikanische Börsenaufsicht SEC (United States Securities and Exchange Commission), die sich gar nicht erst anmaßt, Korruption verhindern zu können. Sie operiert vielmehr mit einem mehrstufigen System von Anreizen und Sanktionsdrohungen: Unternehmen, die der Korruption überführt werden, drohen drakonische Strafen. Diese werden jedoch erheblich gemildert, wenn nachgewiesen werden kann, dass das Unternehmen alles Erdenkliche unternommen hat, um Korruption zu verhindern. Das Unternehmen wird so in die Verantwortung genommen, beispielsweise interne Compliance-Regelungen umzusetzen und im eigenen Interesse die Mitarbeiter zu einem Verhalten zu veranlassen, das gesellschaftlich wünschenswert ist. Ein vom Land Nordrhein-Westfalen im Jahr 2013 vorgelegter Entwurf für ein neues Unternehmensstrafrecht verfolgte einen ähnlichen Ansatz, ist aber bislang nicht umgesetzt worden.[23]

Übertragen auf die großen Anbieter von Dienstleistungen in der Echtzeitgesellschaft und das Problem des Missbrauchs privater Daten könnte ein mehrstufiges Regulierungsmodell folgendermaßen aussehen: Die Staaten oder die Staatengemeinschaft schaffen einen institutionellen Rahmen, der Datenmissbrauch mit hohen Strafen belegt, zugleich aber eine milde Behandlung anbietet, wenn das Unternehmen interne Regelungen durchsetzt, welche die Mitarbeiter dazu anhalten, höchste Datenschutzstandards einzuhalten. So wäre es dann im eigenen Interesse eines jeden Unternehmens, seinen Kunden und Nutzern ein hohes Datenschutzniveau zu garantieren. Die europäische Datenschutz-Grundverordnung (DSGVO) basiert auf diesem Ansatz und setzt damit ein ermutigendes Zeichen, wie eine intelligente Regulierung der Echtzeitgesellschaft aussehen könnte.

Auch der drohende Imageverlust eines Unternehmens, das durch unseriöse Praktiken auffällt, kann als Sanktionsdrohung wirken. Die Bereitschaft der Nutzer, großen Dienstleistern ihre Daten zur Verfügung zu stellen sowie deren Empfehlungen zu folgen, basiert auf dem Vertrauen, dass diese Daten nicht missbräuchlich verwendet werden (vgl. Kapitel 3). Somit wird Datenmissbrauch auch für die Provider zu einem Risiko: Denn die Daten sind der Rohstoff der Echtzeitgesellschaft; aber das Vertrauen ist das Kapital, das allzu leicht verspielt werden kann, wenn man der Versuchung erliegt, durch unseriöse Praktiken kurzfristige Gewinne zu erzielen.

Die politische Regulierung der Echtzeitgesellschaft sollte auf derartigen institutionellen Mechanismen basieren und Abschied von überkommenen Formen politischer Intervention nehmen. Die politische Steuerung »intelligenter« Systeme muss intelligent konzipiert sein und auf klassische Verfahren der direkten Intervention zugunsten von indirekten Instrumenten in Mehrebenensystemen verzichten.

Fazit

In der Echtzeitgesellschaft wird ein neuer Governance-Modus praktiziert. Dezentrale Systeme werden in Echtzeit zentral gesteuert. Auf der operativen Ebene funktioniert das bereits im Bereich der Verkehrssteuerung. Und die Planungen für künftige intelligente Stromnetze zeigen in eine ähnliche Richtung. Welche Folgen dies für die Politik hat, ist noch nicht absehbar. Erkennbar ist jedoch, dass Politik nicht mehr mit dem traditionellen Repertoire interventionistischer Steuerung operieren kann. Neue Formen und Verfahren intelligenter Steuerung sind gefragt, die unterschiedliche Konzepte und Instrumente kombinieren und auf das Zusammenspiel unterschiedlicher Akteure in Mehrebenensystemen setzen. Dem Staat kommt auch in der Echtzeitgesellschaft die Aufgabe zu, das sichere und zuverlässige Funktionieren komplexer soziotechnischer Systeme zu gewährleisten. Die Verfahren und Instrumentarien werden sich jedoch radikal wandeln müssen.

7. Soziologie der Echtzeitgesellschaft

Dieses Buch unternimmt den Versuch, eine Soziologie der Echtzeitgesellschaft zu entwickeln und die Konturen dieser neuen Gesellschaft auszuloten. Es soll gezeigt werden, welchen Beitrag die Soziologie zur Analyse, aber auch zur Gestaltung der Echtzeitgesellschaft leisten kann.

Gesellschaft im Echtzeitmodus

Die mobile Echtzeitgesellschaft ist durch eine enorme zeitliche Beschleunigung und Verdichtung sämtlicher Prozesse in Wirtschaft und Gesellschaft geprägt. Treiber dieser Entwicklung sind die Digitalisierung und Vernetzung des privaten Alltags wie auch der Arbeitswelt. Die Datafizierung der Welt nahm ihren Anfang im Militär und in der Luftfahrt und setzte sich in den Bereichen Logistik, Industrie, Handel und Verkehr fort. Mittlerweile erreicht sie auch die Bereiche Gesundheit und Freizeit. Smarte Geräte werden immer mehr zu unseren Begleitern, die uns bei vielfältigen Prozessen unterstützen oder unsere Handlungen ersetzen. Dabei befinden wir uns zunehmend im Echtzeitmodus.

Gestützt auf eine große Menge verfügbarer Daten finden Prozesse, die früher Stunden, Tage oder sogar Wochen gedauert haben, nunmehr in sehr kurzen Zeiträumen statt. Daten werden erzeugt, übertragen, ausgewertet und im gleichen Moment zu Lagebildern verdichtet. Diese Abläufe sind hochgradig automatisiert: Algorithmen verarbeiten die Daten und treffen Entscheidungen automatisch und ohne menschliche Eingriffe. In Sekundenbruchteilen generieren sie Informationen, die wiederum ohne Zeitverzug an die Anwender übermittelt werden.

Je nach aktueller Situation können die so generierten Empfehlungen völlig unterschiedlich ausfallen. Für die Anwender ist es daher schwer nachvollziehbar, wie die Algorithmen funktionieren und warum sie diese und nicht eine andere Handlungsempfehlung erzeugt haben. Das Leben in Echtzeit eröffnet vielfältige Optionen und erhöht die Flexibilität, steigert zugleich aber den Zeitdruck und das Risiko von Fehlentscheidungen (vgl. Kapitel 3).

Im Echtzeitmodus verschwimmen die Grenzen von Planung und Handlung. Mittlerweile ist es möglich, ad hoc zu planen und mehrere Prozesse simultan stattfinden zu lassen, statt sie sequenziell abzuarbeiten. Vorausschauende Planung wird damit überflüssig, wenn nicht gar unmöglich. Auf Basis algorithmisch erzeugter Empfehlungen passt man sich vielmehr der jeweils aktuellen Situation an und ändert sein Verhalten dementsprechend kurzfristig.

Mit der umfassenden Datafizierung greift eine Logik der Kontrolle um sich, die aus ihren ursprünglichen Kontexten nunmehr in andere Bereiche wie den privaten Alltag transferiert wird. Sämtliche Prozesse werden digital erfasst, vermessen und mit Blick auf Optimierungsmöglichkeiten bewertet. Die Digitalisierung der Welt wird damit zum Teil einer Sicherheitsstrategie, die Unsicherheiten zu bewältigen und Risiken durch Kontrolle und Überwachung zu vermeiden versucht. So laufen wir Gefahr, dass Spielräume, die eine Ressource für flexibles Handeln sind, eingeengt werden und unsere Freiheit durch datengetriebene Prozesse eingeschränkt wird. Die prekäre Balance von Autonomie und Kontrolle, die Teil unserer freiheitlichen Gesellschaft ist, droht so aus dem Gleichgewicht zu geraten.

Mensch, Technik, Organisation

Für den Einzelnen bedeutet Digitalisierung, dass er sich zunehmend in hybriden Konstellationen befindet, in denen Menschen und autonome Technik als Teamspieler zusammenwirken. Beispiele sind das Steuern von Flugzeugen oder Autos, die mit avancierten technischen Assistenzsystemen ausgestattet sind. Die Erforschung dieser neuen Formen der Mensch-Maschine-Interaktion hat gerade erst begonnen. Empirische Studien zeigen, dass die befragten Personen eine grundsätzlich positive Einstellung gegenüber Technik haben und auch das Vertrauen in Technik groß ist. Von einem Gefühl der Ohnmacht und des Kontrollverlusts angesichts zunehmender Digitalisierung kann bislang nicht die Rede sein.

Aber es hängt nicht nur am einzelnen Individuum. Auch die Organisationen, die sicherheitskritische Systeme betreiben, sind gefragt. Wie wichtig ein funktionierendes Risikomanagement ist, zeigen die in diesem Buch diskutierten Beispiele von Katastrophen der jüngeren Zeit. Dies gilt umso mehr, wenn das System unter Echtzeitbedingungen operiert und Entscheidungen unter hohem Zeitdruck gefällt werden müssen. Eine funktionierende Organisationskultur ist unabdingbar, denn sie versetzt die Mitarbeiter in die Lage, in kritischen Situationen das Richtige zu tun (vgl. Kapitel 4).

Grundsätzlich gibt es zwei alternative Strategien zum Umgang mit Unsicherheit: die Minimierung durch Vorabplanung und die flexible Bewältigung vor Ort. Welche dieser Strategien zielführend ist, lässt sich nicht pauschal beantworten. Anders als Charles Perrow behauptet hat, kommt es in sicherheitskritischen Systemen wie der Luftfahrt nicht zwangsläufig zu Katastrophen. Es hängt vielmehr vom Risikomanagement der betreffenden Organisation ab, das beide Strategien berücksichtigen sollte: Das Systemdesign sollte robust sein und ein reibungsloses Zusammenspiel der sozialen und technischen Systemkomponenten ermöglichen. Genauso wichtig ist jedoch eine gut funktionierende Organisationskultur, die vom Prinzip der Achtsamkeit getragen wird. Beides zusammenzubringen, erfordert eine intelligente Steuerung, die es ermöglicht, sicherheitskritische Systeme gefahrlos zu betreiben. Vielversprechend erscheint ein Weg, der die Governance-Modi der zentralen Planung und der dezentralen Koordination miteinander kombiniert und dafür Sorge trägt, dass einerseits klare und verbindliche Strukturen existieren, andererseits aber ein flexibles und effektives Risikomanagement praktiziert werden kann, das selbst in unerwarteten Situationen greift. Dies ist umso dringlicher, je mehr wir uns der Echtzeitgesellschaft nähern.

Die Soziologie kann einen Beitrag zur Risikoanalyse soziotechnischer Systeme leisten, indem sie das Zusammenwirken von Mensch,

Technik und Organisation in den Blick nimmt. Dabei kann sie auf neuartige Verfahren der Modellierung und Simulation sicherheitskritischer Systeme zurückgreifen. Diese erlauben es, unterschiedliche Szenarien simulativ durchzuspielen und so Schwachstellen und mögliche Fehlerquellen im betreffenden System zu identifizieren.

Politik im Wandel – Politik des Wandels

Auch die Politik wird sich in der Echtzeitgesellschaft teilweise neu erfinden müssen. Die aktuellen Diskurse konzentrieren sich stark auf die Themen Datenschutz und Privatsphäre. Das sind zweifellos zentrale Probleme, die staatliche Regulierung erforderlich machen. Die Fokussierung auf diese Themen verstellt allerdings den Blick für das gewaltige Potenzial, das sich aus den neuartigen Möglichkeiten der Echtzeitsteuerung komplexer Systeme ergibt, wie auch für die damit verbundenen Risiken. Aufgabe der Politik wird es in Zukunft sein, Echtzeitsysteme in einer Weise zu gestalten und zu steuern, die sich an Gemeinwohlinteressen und an politisch konsentierten Zielen orientiert, etwa dem Ziel der Nachhaltigkeit oder der Verteilungsgerechtigkeit. Wenn Politik diesen Anspruch aufrechterhalten will, darf sie das Feld der Echtzeitsteuerung nicht den Anbietern von Echtzeitservices überlassen, beispielsweise im Bereich Verkehrssteuerung. Um mitspielen zu können, benötigt die Politik jedoch Wissen über den Mechanismus des Wandels und den der Steuerung komplexer Systeme.

Zunächst zum Thema Steuerung: Die neuartige Option der Echtzeitsteuerung ergibt sich aus der flächendeckenden Digitalisierung und Vernetzung soziotechnischer Systeme und deren Komponenten. Sie findet in der Praxis bereits statt, während das theoretische Verständnis dieses neuen Governance-Modus noch unterentwickelt ist. Die Echtzeitsteuerung verknüpft Elemente der zentralen Planung und der dezentralen Selbstkoordination: Es gibt einen zentralen Planer, der jedoch nicht im Detail vorschreibt, was der einzelne Akteur zu tun hat. Er lässt vielmehr im Wesentlichen Algorithmen operieren, die in Echtzeit situationsgerechte Lösungen generieren. Diese werden den Akteuren zur

Verfügung gestellt, aber es bleibt ihnen überlassen, ob sie den Empfehlungen folgen oder nicht. Echtzeitsteuerung kombiniert also Topdown-Steuerung mit Bottom-up-Prozessen und beschränkt die Autonomie der Akteure nicht in dem Maße, wie es die klassische, hierarchische Steuerung tut. Zwar besteht eine latente Gefahr, dass Echtzeitsteuerung in totalitäre Kontrolle umkippt, aber dies muss nicht zwangsläufig der Fall sein. Die Governance-Forschung täte gut daran, ihre Konzepte und Modelle so weiterzuentwickeln, dass sie diesen Mechanismus der Echtzeitsteuerung komplexer Systeme konsistent abbilden und als neuartigen Governance-Modus analysieren kann.

Politik kommt in dem Moment ins Spiel, in dem Echtzeitsteuerung gesellschaftlich unerwünschte Effekte erzeugt (Zunahme des Individualverkehrs) oder zu intolerablen Risiken führt (Krise der Finanzmärkte). Es geht also um die Beherrschbarkeit und die Gestaltbarkeit von Echtzeitsystemen. Wie eine intelligente politische Steuerung der Echtzeitgesellschaft aussehen könnte, ist weitgehend ungeklärt. Eine wichtige Aufgabe des Staates besteht darin, dafür Sorge zu tragen, dass die Infrastruktursysteme zuverlässig betrieben werden und dabei nicht gegen politisch definierte Normen verstoßen wird, beispielsweise in den Bereichen Umwelt- oder Datenschutz. Die Politik wird in Zukunft aber nicht mehr auf das traditionelle Repertoire interventionistischer Steuerung zurückgreifen können. Sie wird neue Formen einer intelligenten Steuerung und Regulierung entwickeln müssen, die der Komplexität der Echtzeitgesellschaft gerecht werden (vgl. Kapitel 6).

Angesichts der enormen Beschleunigung gerät auch die Politik unter Zeitdruck. Zudem fehlt ihr oftmals das Know-how, das erforderlich wäre, um Echtzeitprozesse in traditioneller Manier feingranular zu steuern. Statt direkt zu intervenieren, wird die Politik daher neuartige, indirekte Anreizsysteme entwickeln, die den gesteuerten Einheiten einen Großteil der Verantwortung für das Gelingen von Steuerung übertragen. Sie setzt damit auf deren Potenzial zur Selbststeuerung und lenkt sie lediglich durch entsprechende Anreize in eine gewünschte Richtung. Eine derartige intelligente Steuerung kombiniert mehrere Instrumente und setzt auf das Zusammenspiel unterschiedlicher Akteure in Mehrebenensystemen. Diesen Wandel zu vollziehen, macht ein Umdenken erforderlich.

Die Politik benötigt fundiertes Wissen über den Mechanismus der Steuerung komplexer Systeme. Dies trifft in gleicher Weise auf die Gestaltung von Transformationsprozessen zu, denn ohne ein Verständnis der Mechanismen des Wandels wird das nicht gelingen. Mit dem Mehrebenenmodell soziotechnischen Wandels (MLP) liegt ein heuristisches Instrument vor, das Ansatzpunkte für das Management von Transformationsprozessen auf den Ebenen Nische, Regime und »landscape« identifiziert. Daraus ergeben sich mehrere mögliche Strategien, den Wandel beispielsweise des Verkehrs- oder des Energiesystems voranzutreiben. Die Politik kann eine Nischenpolitik betreiben, also Feldversuche mit innovativen Praktiken in geschützten Räumen anstoßen und fördern. Sie kann auch den soziokulturellen Kontext verändern, etwa durch Klimaschutzprogramme. Oder sie greift direkt in das soziotechnische Regime ein, etwa durch verschärfte Auflagen für Verbrennungsmotoren. Jede dieser Strategien kann zum Regimewechsel beitragen, vor allem, wenn sie zusammenwirken und sich wechselseitig verstärken (vgl. Kapitel 5).

Will man den Mechanismus der Echtzeitsteuerung beziehungsweise den Prozess der nachhaltigen Umsteuerung soziotechnischer Systeme untersuchen, kommt man nicht umhin, diese zu modellieren und am Computer nachzubauen. Mithilfe von Simulationsexperimenten kann man die Dynamik soziotechnischer Systeme wie auch die Wirksamkeit politisch motivierter Interventionen analysieren und Annahmen über die Steuerbarkeit dieser Systeme experimentell überprüfen. So kann etwa gezeigt werden, dass eine weiche Anreiz-Steuerung dazu beitragen kann, den Umstieg auf umweltfreundliche Verkehrsmittel zu fördern. Eine harte Steuerung durch Verbote schneidet hingegen im Simulationsexperiment deutlich schlechter ab. Auf diese Weise können Politikoptionen durchgespielt werden, bevor man sie in der realen Praxis implementiert.

Plädoyer für eine Soziologie der Echtzeitgesellschaft

Eine Soziologie der Echtzeitgesellschaft steht vor der Herausforderung, komplexe soziotechnische Systeme zu analysieren, die in Echtzeit operieren. Zudem muss sie die Mechanismen beschreiben, die das Handeln der Akteure wie auch die Systemdynamik erklären. Hinzu kommt die Suche nach Ansatzpunkten für intelligente Interventionen in Echtzeitsysteme.

Mit seinen Analysen zur Beschleunigung hat Hartmut Rosa einen ersten Schritt getan, das Wesen der Gesellschaft des 21. Jahrhunderts zu beschreiben. Er ist dabei jedoch auf halbem Wege stehengeblieben beziehungsweise in die Psychologie und die Philosophie abgebogen. Die Soziologie will aber mehr als das Burnout des Einzelnen thematisieren, so wichtig dieses Thema zweifellos ist. Der Soziologie geht es, wie Uwe Schimank es formuliert hat, um das »handelnde Zusammenwirken«[1] der Menschen, also um die sozialen Prozesse, die sich aus der Interaktion von zwei oder mehr Individuen ergeben. Sich der Echtzeitgesellschaft zuzuwenden, bedeutet mehr, als nur den Zeitdruck zu beklagen. Dieser hat bei den Katastrophen, die in Kapitel 4 beschrieben wurden, zwar eine wichtige Rolle gespielt. Aber letztlich war es weniger die Überforderung des Einzelnen als vielmehr das Versagen von Organisationen, das für die Katastrophen verantwortlich war. Es ist also sinnvoll, neben der Mikroebene des Individuums auch die Mesoebene des koordinierten Handelns in Organisationen zu betrachten.

Das Spezifikum der soziologischen Perspektive besteht darin, den Blick auf die sozialen Prozesse zu richten, zum Beispiel auf das Zusammenspiel von Mensch und Technik in soziotechnischen Systemen (vgl. Kapitel 2). Ingenieure und Informatiker mögen andere Aspekte der Echtzeitgesellschaft besser verstehen als Soziologinnen und Soziologen. Für sie ist der Faktor Mensch jedoch eine Störgröße, die sie in ihren Modellen nur unzureichend berücksichtigen, weil sie keinen Blick für die soziale Logik menschlichen Handelns haben. Hier kommt die Techniksoziologie ins Spiel, die sich beispielsweise mit der Frage befasst, wie menschliche Akteure Entscheidungen fällen oder wie Organisationen mit den Risiken umgehen, die sich aus dem digitalen Wandel und dem Mitwirken autonomer Technik ergeben.

Umgekehrt aber muss die Soziologie von anderen Disziplinen lernen, komplexe soziotechnische Systeme zu modellieren und zu analysieren. Hier sind wir deutlich im Rückstand. Soziologen erzählen gerne Geschichten: dichte und oftmals instruktive Beschreibungen einzelner

Fälle, wie ich es in Kapitel 4 am Fall der Deepwater Horizon getan habe. Andere Soziologinnen haben sich auf statistische Analysen von Befragungsdaten spezialisiert, etwa zur Akzeptanz von Technik in Europa. All dies gehört zum unentbehrlichen Methodenkanon unseres Fachs. Aber das reicht nicht aus, die Echtzeitgesellschaft zu verstehen.

Wenn wir begreifen wollen, wie die Echtzeitgesellschaft funktioniert, benötigen wir Modelle, die in der Lage sind, reale gesellschaftliche Prozesse abzubilden. Vor allem aber müssen diese Modelle die Mechanismen beschreiben, die soziale Dynamik produzieren. Hier kommt zunächst die soziologische Theorie ins Spiel. Sie hat in den letzten Jahren erhebliche Fortschritte bei der Entwicklung theoretischer Modelle gemacht, die das Zusammenspiel von Mikro (Akteur) und Makro (System) in Mehrebenenstrukturen beschreiben und zudem empiriefähig sind, sich also durch Fakten überprüfen lassen.[2]

Aber wir wollen mehr. Wir wollen in die Zukunft schauen und wissen, an welchen Stellschrauben man drehen kann, um die entstehende Echtzeitgesellschaft in einer Weise zu gestalten, die sie lebenswert macht und dazu beiträgt, mögliche Risiken zu bewältigen. Die einzige mir bekannte wissenschaftliche Methode, die in der Lage ist, derartige Fragen zu bearbeiten, ist die Computersimulation. Man konstruiert künstliche Gesellschaften im Computer, unterfüttert diese Modelle mit soziologischer Theorie und führt Simulationsexperimente mit unterschiedlichen Settings durch. Deutsche Soziologen haben bereits vor zwanzig Jahren einen mutigen Schritt gemacht und das Forschungsprogramm »Sozionik« gestartet, das diesen Brückenschlag zwischen Soziologie und Informatik vorantreiben sollte. Aber diese Technik wird noch viel zu selten genutzt. Die Computational Social Sciences sind international auf einem guten Weg, doch in Deutschland hinken wir hinterher. Vor allem die Governance-Forschung, die sich mit der Frage der Steuerbarkeit komplexer Systeme befasst, hat diese Methode bislang weitgehend ignoriert. Dabei eröffnet die Computersimulation die Möglichkeit, spielerisch in soziotechnische Systeme einzugreifen und unterschiedliche Politikoptionen experimentell zu erproben, bevor diese in der realen Welt umgesetzt werden.[3]

Die Gesellschaft erwartet von der Wissenschaft Antworten auf drängende Zukunftsfragen. Das gilt etwa für die nachhaltige Transformation des Verkehrs- oder des Energiesystems. Kann die Energiewende gelingen, und welchen Beitrag können beziehungsweise müssen der Einzelne, die Politik, aber auch die Betreiberorganisationen leisten? Und wie wird die Steuerung komplexer Systeme funktionieren, wenn diese im Echtzeitmodus operieren? Die Soziologie sollte diese Fragen nicht anderen Disziplinen überlassen, sondern sich einschalten, durchaus in Kooperation mit den Ingenieurwissenschaften. Wenn die Soziologie mitreden und mitgestalten will, kommt sie nicht umhin, innovative Methoden zu verwenden und neue Wege zu gehen.

Danksagung

Das vorliegende Buch basiert auf einem Bericht, den ich Anfang 2017 im Auftrag des »Forschungsforum Öffentliche Sicherheit« der FU Berlin angefertigt habe. Dabei habe ich auf eine Reihe von Texten zurückgegriffen, die ich im Laufe der letzten Jahre verfasst habe. Sie spiegeln die Ergebnisse von über zehn Jahren Forschung am Fachgebiet Techniksoziologie der TU Dortmund wider. Aufgrund mehrfacher Überarbeitungen, Verschiebungen, Kürzungen, Ergänzungen, Aktualisierungen etc. sind die einzelnen Abschnitte des Buches nicht mehr in allen Fällen zweifelsfrei den Ursprungstexten zuzuordnen. In den jeweiligen Kapiteln finden sich jedoch die Verweise auf die Artikel, die zum Teil in internationalen Fachzeitschriften erschienen sind und die Forschungsergebnisse in ausführlicher Form präsentieren.

Etliche der Ursprungstexte sind in Koautorenschaft entstanden, und zwar unter Mitwirkung von Fabian Adelt, Marc Delisle, Robin D. Fink, Gudela Grote, Sebastian Hoffmann, Andreas Ihrig, Marcel Kiehl, Jens Kroniger, Georg Krücken, Tobias Liboschik, Jessica Longen, Ingo Schulz-Schaeffer und Maximiliane Wilkesmann (in alphabetischer Reihenfolge). Allen Koautorinnen und Koautoren sei für die gute und produktive Zusammenarbeit gedankt. Die Verantwortung für das Geschriebene liegt jedoch alleine bei mir.

Gedankt sei zudem Steffen Weyer und Fabian Adelt, die den Text in unterschiedlichen Stadien korrekturgelesen haben, sowie Isabell Trommer für die kompetente Unterstützung bei der Anfertigung des Buchmanuskripts.

Abbildungen

Abbildung 1:	Big-Data-Prozessmodell	41
Abbildung 2:	Einstellungen der Europäer zu Wissenschaft und Technik	47
Abbildung 3:	Einstellung der Deutschen zu acht kontroversen Technologien	49
Abbildung 4:	Kontrollempfinden von Autofahrern in Bezug auf die Anzahl der Assistenzsysteme	64
Abbildung 5:	Kontrollempfinden von Autofahrern in Bezug auf die Einstellung zur Technik	65
Abbildung 6:	Symmetrie-Wahrnehmung von Piloten und Musterberechtigung	74
Abbildung 7:	Wandel der Rollenverteilung und Musterberechtigung	75
Abbildung 8:	Komplexitätswahrnehmung in Bezug zu Alter und Musterberechtigung	77
Abbildung 9:	Vertrauen in hybride Kollaboration und Musterberechtigung	78
Abbildung 10:	Nicht-Linearität am Beispiel des Treibhauseffekts	84
Abbildung 11:	Abläufe in Fukushima im März 2011	93
Abbildung 12:	Funktionsprinzip einer Ölbohrplattform	96
Abbildung 13:	Modell des Systembetriebs	112
Abbildung 14:	Mehrebenenmodell soziotechnischen Wandels	127

Abbildung 15: Subsysteme von SimCo und deren
             Verknüpfungen 133
Abbildung 16: Grafische Benutzeroberfläche von SimCo 136
Abbildung 17: Auswirkungen der Governance-Modi auf
             die Technologienutzung 139

Tabellen

Tabelle 1:	Rollenverteilung im Auto der Gegenwart	66
Tabelle 2:	Rollenverteilung im Auto der Zukunft	67
Tabelle 3:	Abhängige Variable »Vertrauen in hybride Kollaboration«	71
Tabelle 4:	Perzentilgruppen des Faktors »Vertrauen«	72
Tabelle 5:	Unabhängige Variablen	72
Tabelle 6:	OLS-Regression »Vertrauen in hybride Kollaboration«	73
Tabelle 7:	Drei Modi der Organisation	100
Tabelle 8:	Alternativkonzeption von Komplexität	105
Tabelle 9:	Alternativkonzeption von Kopplung	106
Tabelle 10:	Maßzahl S für alle Fahrermischungen und Governance-Modi	119
Tabelle 11:	Vergleich der Performance unterschiedlicher Governance-Modi	121
Tabelle 12:	Akteurtypen und deren Präferenzen	137
Tabelle 13:	Experimente mit SimCo zur Verkehrssteuerung	138

Anmerkungen

1. Auf dem Weg in die Echtzeitgesellschaft

1 Der Begriff Echtzeitgesellschaft wurde erstmals im Jahr 2000 von Karlheinz Geißler verwendet, allerdings nur ein einziges Mal in einem kurzen FAZ-Interview. Hier thematisiert er vor allem den Zeitdruck, der in modernen Gesellschaften vorherrscht.
2 Mattern 2003
3 Popitz 1995, S. 29
4 Schivelbusch 1977, Popitz 1995
5 Bell 1985, Willke 1998, Wilkesmann/Weyer 2014
6 Rammert 1990, Mattern 2007
7 Weiser 1991
8 Geisberger/Broy 2012, S. 22
9 Fleisch/Mattern 2005, Weyer 2014, Genner 2017
10 Monse/Weyer 2000
11 Hanekop/Wittke 2010, Läpple 1985, Rosa 2005, Glaser 2007, Lobo 2011, Turkle 2011b
12 Russell 2013
13 Rieger 2010, Kurz/Rieger 2009
14 Christl/Spiekermann 2016
15 Popitz 1995
16 Rosa 2005, Rosa 2008, Rosa 2012a, S. 1, Rosa 2012b, S. 7, 14, Rosa 2016
17 Rosa 2012a, S. 1–2
18 Rosa 2008, S. 2–3, Rosa 2012a, S. 3. Ähnlich argumentiert auch Sherry Turkle (2011a), der zufolge durch die digitale Kommunikation das »echte« Menschliche verloren geht.
19 Es ist zugegebenermaßen ein schwieriges Unterfangen, Thesen im Stil von »Früher war alles anders« methodisch solide mit empirischen Daten zu fundieren.
20 Weyer 1997a
21 Rochlin 1997, Läpple 1985
22 Hoeren/Kolany-Raiser 2016
23 Lobe 2015, Lessig 2000, O'Reilly 2013, Weiser 1991
24 Fink 2014, S. 101–103, Rochlin 1997, S. 105–106, Orwat 2011

2. Technik als Gegenstand der Soziologie

1 Schelsky 1965, Dolata/Werle 2007
2 Bijker u. a. 1987
3 Geels 2002
4 Büllingen 1997, S. 81–85
5 Hoffmann u. a. 2017
6 Tushman/Rosenkopf 1992
7 Weingart 1989
8 Hughes 1986
9 Isaacson 2011
10 Hoffmann u. a. 2017
11 Nelson/Winter 1977, Tushman/Rosenkopf 1992
12 Braun/Saam 2014, Van Dam u. a. 2013
13 Es gibt nur eine akademische Disziplin, deren Prognosen in der Regel zutreffen: die Astronomie. Da es sich bei den Bewegungen von Planeten und Sternen um ein streng deterministisches System handelt, in dem keine Störgrößen wie etwa die Reibung existieren, sind Astronomen in der Lage, die genaue Position des Jupiters in einem Jahr zu berechnen. Auf dieser Grundlage lassen sich die Flugbahnen von Raumsonden berechnen, welche die Planeten für Swing-Manöver nutzen, um energiesparend durchs Weltall zu fernen Zielen zu fliegen.
14 Grande 2012
15 Siehe zum Beispiel Weyer 1997b.
16 Best 2009
17 Stegbauer/Häußling 2011
18 Grunwald 2010
19 Schimank 2010, S. 20
20 Coleman 1995, S. 14
21 Velasquez/Hester 2013, Esser 2000, Epstein 2007, Fink/Weyer 2011. Die Fähigkeit, das eigene Verhalten zu rechtfertigen, also Gründe für die Wahl einer Handlungsalternative angeben zu können, unterscheidet den Menschen vom Tier, aber auch vom Roboter (Sturma 2001). Dies gilt selbst im Fall eines Verhaltens, das, von außen betrachtet, als unvernünftig erscheint.
22 Resnick 1995, S. 74, 141, Epstein/Axtell 1996, S. 33–35, sowie das NetLogo-Modell »Traffic basic«, vgl. Wilensky 1997
23 Adelt u. a. 2018
24 Van Dam u. a. 2013
25 Epstein/Axtell 1996, Hedström/Swedberg 1996

3. Mensch und Technik im Echtzeitmodus

1. Federal Trade Commission 2014
2. Geisberger/Broy 2012
3. Suryadevara/Mukhopadhyay 2015
4. Kurz 2011
5. Mayer-Schönberger/Cukier 2013, Lupton 2015, Zillien u. a. 2015
6. Dieses Prozessmodell entstand im Rahmen des ABIDA-Projekts (»Assessing Big Data«). Zu den Details siehe Weyer u. a. 2018.
7. Jülicher/Delisle 2016
8. Hirsch-Kreinsen 2014
9. Bortz 2005
10. Salganik u. a. 2006
11. Kersting/Natarajan 2015
12. Eagle/Pentland 2006, S. 259
13. www.google.org/flutrends/about [26.11.2018], Ginsberg u. a. 2009
14. Lazer u. a. 2014
15. Sowohl politische Kampagnen als auch werbetreibende Unternehmen können durch massenhafte Einträge bei sozialen Netzwerken oder Bloggingdiensten wie Twitter dazu beitragen, dass die Relevanz der von ihnen kommunizieren Themen bei Google steigt; vgl. Lazer u. a. 2014, S. 1204.
16. Vgl. McCue 2014
17. Russell 2013
18. Weyer 2008b, S. 261
19. Hennen 1994
20. Eurobarometer 2013, S. 79
21. Eurobarometer 2010, S. 37–38
22. Eurobarometer 2013, S. 89, 57
23. Ebd., S. 96–97
24. Gaskell u. a. 2010
25. Weyer u. a. 2012
26. Eurobarometer 2015, S. 7, 11, T15
27. Ebd., S. 11
28. Vgl. Grote 2009
29. Sturma 2001
30. Mattern 2003. Die von Rodney Brooks (2002) entwickelten künstlichen Lebewesen wie der Laufroboter »Genghis« sind Prototypen dieses Konzepts, das es Technik ermöglicht, selbstständig Entscheidungen zu treffen und ein Verhalten zu zeigen, das auf den Betrachter lebendig wirkt.
31. Takayama/Nass 2008, S. 174, vgl. Reeves/Nass 1996
32. Rammert/Schulz-Schaeffer 2002
33. Vgl. Wooldridge/Jennings 1995
34. Latour 1998. Der Begriff Aktant wurde von Latour in die Techniksoziologie ein-

geführt, um auch nichtmenschliche Wesen (Natur, Technik) als Mithandelnde zu markieren. Er wird hier nicht verwendet.
35 Diese Forderung nach empirischer Forschung hatten schon Werner Rammert und Ingo Schulz-Schaeffer (2002, S. 50), aber auch Lucy Suchman in der Neuauflage ihres Buches »Plans and Situated Actions« (2007, S. 2) gestellt, selbst jedoch nicht eingelöst.
36 Esser 1991, Esser 1999, Fink/Weyer 2011
37 Zu den Details siehe Fink/Weyer 2011.
38 Moray u. a. 2000, Lee/See 2004, Dzindolet u. a. 2003, Manzey 2008, S. 313–315
39 Manzey 2008, S. 314–315
40 Fink 2014
41 Lazer u. a. 2014
42 Weyer 1997a, Weyer 2007, Weyer 2008a
43 Weyer 1997a, S. 251, Grote 2009, S. 104. Der Automatismus, der in Warschau eine fatale Rolle gespielt hat, wurde nach dem Unfall geändert. Das hat sich aber in Hamburg im März 2008 negativ bemerkbar gemacht, als ein Lufthansa-Airbus eigenmächtig auf Landung umschaltete, obwohl nur ein Fahrwerk ungewollt Bodenkontakt bekommen hatte.
44 Weick 1990
45 Vgl. Weyer 2009.
46 Weyer u. a. 2015b
47 Vgl. Scheiderer/Ebermann 2010, S. 3
48 Vgl. Fitts 1951, Hutchins 1995, Sarter/Woods 2000, Manzey 2008, Cummings/Bruni 2009, Inagaki 2010
49 Wiener 1989, Hutchins 1995, Sarter/Woods 1997, Sarter u. a. 1997, Suchman u. a. 1999, Brooker 2005, Schmitt/Tallec 2007
50 McClumpha u. a. 1991, BASI 1998, Hutchins u. a. 1999, Naidoo 2008
51 Zu den Details siehe Weyer 2016.
52 Naidoo 2008
53 Ibsen 2009, Dorschner 2012
54 Weyer 2008a
55 Aus Gründen des Datenschutzes waren Fragen nicht erlaubt, die zu einer Identifizierung einzelner Personen hätten führen können. Über den Flugzeugtyp, den wir nicht abfragen durften, wäre dies in Kombination mit Alter, Geschlecht, Position und Airline leicht möglich gewesen.
56 Piloten verfügen – anders als Autofahrer – nur über eine einzige Musterberechtigung (»type rating«), können also beispielsweise entweder Airbus- *oder* Boeing-Flugzeuge fliegen, zumeist auch nur einen bestimmten Typ (A320 *oder* A380). Der Wechsel ist aufwändig und erfordert eine umfangreiche Umschulung nebst Prüfung.
57 Man kann hier also von einer Autonomie zweiter Ordnung sprechen.

4. Risikomanagement komplexer Systeme

1. Bundesministerium des Inneren 2009, Orwat u. a. 2010
2. Dehen 2010, S. 70, Mautz u. a. 2008
3. Zur Genese dieser Strukturen siehe Carr 2009, vgl. Mautz 2007, Fuchs/Wassermann 2008, Erlinghagen/Markard 2012, Liggesmeyer u. a. 2018.
4. Deutsche Energie-Agentur GmbH 2012
5. Richter/Rost 2004, Weyer 2009
6. Zur Unterscheidung zwischen objektiver und subjektiver Komplexität siehe auch Kapitel 2.
7. Perrow 1987, Perrow 2007, de Bruijne 2006
8. BEA 2012. Ein Pitotrohr misst den Druck von Flüssigkeiten oder Gasen und dient zur Geschwindigkeitsmessung bei Flugzeugen (Quelle: Wikipedia).
9. Interview Peter Dehning 10. Dezember 2012.
10. BEA 2012
11. Vgl. ausführlich BFU 2004, Weyer 2006
12. Reason 1990
13. Vgl. Deuten 2003
14. Die Darstellung lehnt sich an den Wikipedia-Artikel »Nuklearkatastrophe von Fukushima« (03.12.2018) sowie Perrow (2011) an.
15. National Commission on the BP Deepwater Horizon Oil Spill and Offshore Drilling (2011)
16. National Commission on the BP Deepwater Horizon Oil Spill and Offshore Drilling (2011), S. 119 (Hervorh. d. Verf.)
17. Weick/Sutcliffe 2007
18. Vgl. ausführlich Grote 2009
19. Bauer u. a. 2002
20. Weicks Begriff der losen Kopplung sollte nicht mit Perrows Begriff der losen (gleichgesetzt mit geringer) Kopplung verwechselt werden.
21. Perrow 1987, S. 410, Perrow 2007, Shrivastava u. a. 2009
22. Leveson u. a. 2009
23. Vgl. LaPorte/Consolini 1991, Clarke/Short 1993, Sagan 1993, Weick 1987, Weick/Sutcliffe 2007
24. Ausgerechnet Rochlin (1991) lieferte in seiner Studie zum Abschuss eines iranischen Airbus durch das US-Kriegsschiff Vincennes im Jahr 1988 den anschaulichen Beleg, dass die Strategie der präventiven Fehlervermeidung zum Auslöser von Katastrophen werden kann.
25. Leveson u. a. 2009
26. Shrivastava u. a. 2009, S. 1358, 1375, Leveson u. a. 2009, S. 241
27. Leveson u. a. 2009, S. 241
28. Ebd., S. 242
29. Ebd., S. 243
30. Ebd., S. 242
31. Ebd.

32 Ebd.
33 Hiermit nähern sie sich stark dem HRO-Konzept an, allerdings ohne das zu reflektieren.
34 Vgl. ausführlich Adelt u. a. 2014
35 Vgl. ausführlich Weyer u. a. 2015a
36 SUMO 2010, Krauß 1998
37 Esser 1999
38 Mix_0 mit ausschließlich folgsamen Agenten ist ein fiktives Szenario, das hier nicht weiter betrachtet wird.

5. Nachhaltige Transformation soziotechnischer Systeme

1 Geels 2002, S. 97, vgl. Nelson/Winter 1977, Geels/Schot 2007, S. 400–401
2 Geels 2005, vgl. Hoffmann u. a. 2017
3 Geels 2002, S. 98
4 Canzler 1998, vgl. Knie 1994
5 Geels/Schot 2007, S. 400, Geels 2004, S. 912, Geels 2002, S. 99, vgl. auch Schot/Geels 2008, S. 537
6 Geels 2002, S. 99, Geels/Schot 2007, S. 400
7 Geels/Schot 2007, S. 400, Geels 2004, S. 914
8 Canzler 1998
9 Stegmaier u. a. 2014
10 Hoffmann u. a. 2017
11 Vgl. ausführlich Adelt u. a. 2018 sowie simco.wiwi.tu-dortmund.de. Die Abkürzung SimCo steht für »Simulation of the governance of complex systems«.
12 Die politischen Entscheidungen werden zurzeit über Szenarien eingespielt und nicht agentenbasiert modelliert.
13 Wilensky 1999
14 Teigelkamp 2015
15 In welchem Maße Echtzeitsteuerung dazu beitragen kann, das Risikomanagement von Echtzeitsystemen zu verbessern, ist Gegenstand einer aktuellen Studie (Weyer u. a. 2019b).

6. Die Politik der Echtzeitgesellschaft

1 Hoeren/Kolany-Raiser 2016
2 McCue 2014, Mitchell 2009, Russell 2013

3 Christl/Spiekermann 2016, Larose/Larose 2015, Russell 2013
4 McCue 2014, Weyer 2014
5 TA-Swiss 2003
6 Dehen 2010
7 Goulden u. a. 2014
8 BDEW 2015
9 Rochlin 1997, Weyer 2014, vgl. zusammenfassend Weyer u. a. 2015a
10 Vgl. Weyer u. a. 2019a
11 Luhmann 1988, S. 325
12 Schimank 2005
13 Willke 1995, S. 125, Willke 1989, S. 55, Willke 1995, S. 134
14 Loorbach 2007, S. 14
15 Ebd., S. 63, 67, 80
16 Ebd., S. 17–18
17 Ebd.
18 Vgl. Voß u. a. 2009, S. 277, Weyer u. a. 2015a
19 Dieser Abschnitt stellt meine Zusammenfassung der Konzepte von Loorbach (2007) und Schot u. a. (1994) dar.
20 Werle 2001
21 Die normative Frage, welche Ziele im konkreten Fall politisch konsentiert sind und damit als erstrebenswert angenommen werden, bleibt hier ausgeklammert.
22 Luhmann 1997, Mayntz/Scharpf 1995
23 Willke 2007, Lübbe-Wolf 2003, Land Nordrhein-Westfalen 2013. Vgl. auch das Konzept der Ko-Regulierung von Staat und Gesellschaft von Spindler und Thorun (2015), das aber insofern etwas »zahnlos« wirkt, als es auf Sanktionsdrohungen verzichtet und somit den Staat zu einem schwachen Mitspieler im Konzert der gesellschaftlichen Akteure macht.

7. Soziologie der Echtzeitgesellschaft

1 Schimank 2010
2 Aus meiner Sicht wegweisend sind die Arbeiten von Uwe Schimank (ebd.). In Ergänzung meines kurzen Überblicks über die Strömungen der Soziologie sei erwähnt, dass es zudem theoretische Entwürfe gibt, die gewagte Thesen enthalten, welche sich aber empirisch nicht überprüfen lassen.
3 Malsch 1998. Vgl. die selbstkritische Analyse von Edgar Grande 2012.

Literatur

Adelt, Fabian/Weyer, Johannes/Fink, Robin D., Governance of complex systems. Results of a sociological simulation experiment. In: Ergonomics (Special Issue »Beyond human-centered automation«) 57, 2014: 434–448, https://doi.org/10.1080/00140139.2013.877598.
Adelt, Fabian/Weyer, Johannes/Hoffmann, Sebastian/Ihrig, Andreas, »Simulation of the governance of complex systems (SimCo). Basic concepts and experiments on urban transportation«, in: *Journal of Artificial Societies and Social Simulation,* Jg. 21, H. 2, 2018, http://jasss.soc.surrey.ac.uk/21/2/2.html.
BASI, *Advanced Technology Aircraft Safety Survey Report (Department of Transport and Regional Development. Bureau of Air Safety Investigation).* BASI, Civic Square 1998, http://www.atsb.gov.au/media/704656/advanced_technology_aircraft_safety_survey_report.pdf.
Bauer, Hans/Böhle, Fritz/Munz, Claudia/Pfeiffer, Sabine/Woicke, Peter, *Hightech-Gespür. Erfahrungsgeleitetes Arbeiten und Lernen in hoch technisierten Arbeitsbereichen (Schriftenreihe des Bundesinistituts für Berufsbildung, Bd. 253).* Bonn 2002.
BDEW, *Smart Grids Ampelkonzept.* Bundesverband der Energie- und Wasserwirtschaft, Berlin 2015, https://www.bdew.de/media/documents/201503 10_Smart-Grids-Ampelkonzept.pdf.
BEA, *Final Report On the accident on 1st June 2009 to the Airbus A330–203 registered F-GZCP operated by Air France flight AF 447 Rio de Janeiro – Paris (Juli 2012).* Bureau d'Enquêtes et d'Analyses pour la sécurité de l'aviation civile Le Bourget 2012, https://www.bea.aero/docspa/2009/f-cp090601.en/pdf/f-cp090601.en.pdf.
Bell, Daniel, *Die nachindustrielle Gesellschaft (1973).* Frankfurt/M. 1985.
Best, Henning, »Kommt erst das Fressen und dann die Moral? Eine feldexperimentelle Überprüfung der Low-Cost-Hypothese und des Modells der Frame-Selektion«, in: *Zeitschrift für Soziologie,* Jg. 38, 2009, S. 131–151.
BFU, *Untersuchungsbericht AX001–1–2/02. Unfall 01. Juli 2002 nahe Überlingen/ Bodensee (Mai 2004).* Bundesstelle für Flugunfalluntersuchung, Braun-

schweig 2004, https://www.bfu-web.de/DE/Publikationen/Untersuchungs berichte/2002/Bericht_02_AX001-1-2.pdf.
Bijker, Wiebe E./Hughes, Thomas P./Pinch, Trevor J. (Hg.), *The Social Construction of Technological Systems. New Directions on the Sociology and History of Technology.* Cambridge/Mass. 1987.
Bortz, Jürgen, *Statistik für Human- und Sozialwissenschaftler* (6. Aufl.). Heidelberg 2005.
Braun, Norman/Saam, Nicole J. (Hg.), *Handbuch Modellbildung und Simulation in den Sozialwissenschaften.* Wiesbaden 2014.
Brooker, Peter, »Reducing mid-aircollision risk in controlled airspace: Lessons from hazardous incidents«, in: *Safety Science,* Jg. 43, 2005, S. 715–738.
Brooks, Rodney, *Menschmaschinen. Wie uns die Zukunftstechnologien neu erschaffen.* Frankfurt/M. 2002.
Büllingen, Franz, *Die Genese der Magnetbahn Transrapid. Soziale Konstruktion und Evolution einer Schnellbahn.* Wiesbaden 1997.
Bundesministerium des Inneren, *Nationale Strategie zum Schutz Kritischer Infrastrukturen (KRITIS-Strategie)*, 2009, https://www.bbk.bund.de/SharedDocs/Downloads/BBK/DE/Publikationen/PublikationenKritis/Nat-Strategie-Kritis_PDF.pdf.
Canzler, Weert, »Telematik und Auto: Renn-Reiselimousine mit integrierter Satellitenschüssel«, in: *Mitteilungen des Verbunds sozialwissenschaftliche Technikforschung,* Jg. 20, 1998, S. 107–127.
Carr, Nicholas, *»The Big Switch«. Der große Wandel. Die Vernetzung der Welt von Edison bis Google.* Heidelberg 2009.
Christl, Wolfie/Spiekermann, Sarah, *Networks of Control. A Report on Corporate Surveillance, Digital Tracking, Big Data & Privacy.* Wien 2016.
Clarke, Lee/Short, James F., »Social Organization and Risk: Some Current Controversy«, in: *American Review of Sociology,* Jg. 19, 1993, S. 375–399.
Coleman, James S., *Grundlagen der Sozialtheorie. Handlungen und Handlungssysteme. Bd. 1.* München 1995.
Cummings, Mary L./Bruni, Sylvain, »Collaborative Human-Automation Decision Making«, in: Nof, Shimon Y. (Hg.), *Handbook of Automation.* Heidelberg 2009, S. 437–447.
de Bruijne, Mark, *Networked reliability. Institutional fragmentation and the reliability of service provision in critical infrastructures.* Enschede 2006.
Dehen, Wolfgang, »Ein Sommermärchen?«, in: *Frankfurter Allgemeine Zeitung*, 23.06.2010, B2.
Deuten, J. Jaspar, *Cosmopolitanising Technologies. A Study of Four Emerging Technological Regimes.* Twente 2003.
Deutsche Energie-Agentur GmbH, »Ausbau- und Innovationsbedarf der Stromverteilnetze in Deutschland bis 2030. Endbericht«, Berlin 2012,

https://www.dena.de/fileadmin/dena/Dokumente/Pdf/9100_dena-Verteil netzstudie_Abschlussbericht.pdf.

Dolata, Ulrich/Werle, Raymund, »›Bringing technology back in‹: Technik als Einflussfaktor sozioökonomischen und institutionellen Wandels«, in: dies. (Hg.), *Gesellschaft und die Macht der Technik. Sozioökonomischer und institutioneller Wandel durch Technisierung.* Frankfurt/M. 2007, S. 15–43.

Dorschner, Michael T., *Automation im Cockpit. Ein qualitativer Vergleich von Mensch-Maschine-Interaktionen bei Airbus und Boeing* (Bachelorarbeit, Hochschule Bremen), Bremen 2012.

Dzindolet, Mary T./Peterson, Scott A./Pomranky, Regina A./Pierce, Linda G./ Beck, Hall P., »The role of trust in automation reliance«, in: *International Journal of Human-Computer Studies,* Jg. 58, H. 6, 2003, S. 697–718, http://www.sciencedirect.com/science/article/pii/S1071581903000387.

Eagle, Nathan/Pentland, Alex, »Reality mining: sensing complex social systems«, in: *Personal and ubiquitous computing,* Jg. 10, 2006, S. 255–268.

Epstein, Joshua M., *Generative Social Science: Studies in Agent-Based Computational Modeling.* Princeton, NJ 2007.

Epstein, Joshua M./Axtell, Robert, *Growing Artificial Societies. Social Science from the Bottom Up.* Washington, D. C. 1996.

Erlinghagen, Sabine/Markard, Jochen, »Smart grids and the transformation of the electricity sector: ICT firms as potential catalysts for sectoral change«, in: *Energy Policy,* Jg. 51, 2012, S. 895–906, http://www.sciencedirect.com/science/article/pii/S0301421512008208.

Esser, Hartmut, *Alltagshandeln und Verstehen. Zum Verhältnis von erklärender und verstehender Soziologie am Beispiel von Alfred Schütz und »Rational Choice«.* Tübingen 1991.

–, *Soziologie. Spezielle Grundlagen, Bd. 1: Situationslogik und Handeln.* Frankfurt/M. 1999.

–, *Soziologie. Spezielle Grundlagen, Bd. 3: Soziales Handeln.* Frankfurt/M. 2000.

Eurobarometer, *Eurobarometer Spezial 340 »Wissenschaft und Technik« (Welle 73.1).* Brüssel 2010, http://ec.europa.eu/commfrontoffice/publicopinion/archives/ebs/ebs_340_de.pdf.

–, *Verantwortliche Forschung und Innovation, Wissenschaft und Technologie. Bericht (Spezial Eurobarometer 401).* 2013, http://ec.europa.eu/commfrontoffice/publicopinion/archives/ebs/ebs_401_de.pdf.

–, *Autonomous Systems. Summary (Special Eurobarometer 427),* Brüssel 2015, http://ec.europa.eu/commfrontoffice/publicopinion/archives/ebs/ebs_427_sum_en.pdf.

Federal Trade Commission, *Data Brokers: A Call for Transparency and Accountability.* Federal Trade Commission, Washington, D. C. 2014, https://www.ftc.gov/system/files/documents/reports/data-brokers-call-transparency-ac

countability-report-federal-trade-commission-may-2014/140527databrok erreport.pdf.

Fink, Robin D., *Vertrauen in autonome Technik. Modellierung und Simulation von Mensch-Maschine-Interaktion in experimentell-soziologischer Perspektive* (Dissertation). TU Dortmund, Dortmund 2014, http://hdl.handle.net/2003/33469.

Fink, Robin D./Weyer, Johannes, »Autonome Technik als Herausforderung der soziologischen Handlungstheorie«, in: *Zeitschrift für Soziologie,* Jg. 40, H. 2, 2011, S. 91–111, https://doi.org/10.1515/zfsoz-2011-0201.

Fitts, P. M., *Human engineering for an effective air navigation and traffic control system.* Washington, D. C. 1951.

Fleisch, Elgar/Mattern, Friedemann (Hg.), *Das Internet der Dinge. Ubiquitous Computing und RFID in der Praxis: Visionen, Technologien, Anwendungen, Handlungsanleitungen.* Berlin 2005.

Fuchs, Gerhard/Wassermann, Sandra, »Picking a Winner? Innovation in Photovoltaics and the Political Creation of Niche Markets«, in: *Science, Technology & Innovation Studies,* Jg. 4, 2008, S. 93–113, https://www.researchgate.net/publication/237334436_Innovation_in_Photovoltaics_and_the_Political_Creation_of_Niche_Markets.

Gaskell, George/Stares, Sally/Allansdottir, Agnes/Allum, Nick/Castro, Paula/Esmer, Yilmaz/Fischler, Claude/Jackson, Jonathan/Kronberger, Nicole/Hampel, Jürgen/Mejlgaard, Niels/Quintanilha, Alex/Rammer, Andu/Revuelta, Gemma/Stoneman, Paul/Torgersen, Helge/Wagner, Wolfgang, *Europeans and biotechnology in 2010. Winds of change? A report to the European Commission's Directorate-General for Research.* Brüssel 2010, http://ec.europa.eu/public_opinion/archives/ebs/ebs_341_winds_en.pdf.

Geels, Frank, *Understanding the Dynamics of Technological Transitions. A Coevolutionary and Socio-technical Analysis.* Twente 2002.

–, »From sectoral systems of innovation to socio-technical systems. Insights about dynamics and change from sociology and institutional theory«, in: *Research Policy,* Jg. 33, 2004, S. 897–920.

–, »The dynamics of transitions in socio-technical systems: a multi-level analysis of the transition pathway from horse-drawn carriages to automobiles (1860–1930)«, in: *Technology Analysis & Strategic Management,* Jg. 17, 2005, S. 445–476.

Geels, Frank W./Schot, Johan, »Typology of sociotechnical transition pathways«, in: *Research Policy,* Jg. 36, 2007, S. 399–417.

Geisberger, Eva/Broy, Manfred (Hg.), *agendaCPS. Integrierte Forschungsagenda Cyber-Physical Systems.* München 2012, https://www.bmbf.de/files/acatech_STUDIE_agendaCPS_Web_20120312_superfinal.pdf.

Geißler, Karlheinz A., »Der Echtzeit-Gesellschaft geht die Orientierung verloren«, in: Frankfurter Allgemeine Zeitung 30.12.2000, S. 65.
Genner, Sarah, *ON/OFF: Risks and Rewards of the Anytime-Anywhere Internet.* 2017.
Ginsberg, Jeremy/Mohebbi, Matthew H./Patel, Rajan S./Brammer, Lynnette/Smolinski, Mark S./Brilliant, Larry, »Detecting influenza epidemics using search engine query data«, in: *Nature,* Jg. 457, 2009, S. 1012–1014.
Glaser, Peter, »Sofortness«, in: *Technology Review,* 24.08.2007, https://www.heise.de/tr/blog/artikel/Sofortness-273180.html.
Goulden, Murray/Bedwell, Ben/Rennick-Egglestone, Stefan/Rodden, Tom/Spence, Alexa, »Smart grids, smart users? The role of the user in demand side management«, in: *Energy Research & Social Sciences,* Jg. 2, 2014, S. 21–29, https://doi.org/10.1016/j.erss.2014.04.008.
Grande, Edgar, »Governance-Forschung in der Governance-Falle? Eine kritische Bestandsaufnahme«, in: *Politische Vierteljahresschrift,* Jg. 53, H. 4, 2012, S. 565–592.
Grote, Gudela, *Management of Uncertainty. Theory and Application in the Design of Systems and Organizations.* Berlin 2009.
Grunwald, Armin, *Technikfolgenabschätzung. Eine Einführung* (2. Aufl.). Berlin 2010.
Hanekop, Heidemarie/Wittke, Volker, »Kollaboration der Prosumenten«, in: Blättl-Mink, Birgit/Hellmann, Kai-Uwe (Hg.), *Prosumer Revisited. Zur Aktualität einer Debatte.* Wiesbaden 2010, S. 96–113.
Hedström, Peter/Swedberg, Richard, »Social Mechanisms«, in: *Acta Sociologica,* Jg. 39, 1996, S. 281–308.
Hennen, Leonhard, *Ist die (deutsche) Öffentlichkeit ›technikfeindlich‹? Ergebnisse der Meinungs- und Medienforschung (TAB-Arbeitsbericht Nr. 24).* Büro für Technikfolgen-Abschätzung beim Deutschen Bundestag, Berlin 1994, www.tab-beim-bundestag.de/de/pdf/publikationen/berichte/TAB-Arbeitsbericht-ab024.pdf.
Hirsch-Kreinsen, Hartmut, *Wandel von Produktionsarbeit – »Industrie 4.0«* (Soziologisches Arbeitspapier 38/2014). TU Dortmund, Dortmund 2014, www.wiso.tu-dortmund.de/wiso/ts/de/forschung/veroeff/soz_arbeitspapiere/AP-SOZ-38.pdf.
Hoeren, Thomas/Kolany-Raiser, Barbara (Hg.), *Big Data zwischen Kausalität und Korrelation. Wirtschaftliche und rechtliche Fragen der Digitalisierung 4.0.* Münster 2016.
Hoffmann, Sebastian/Weyer, Johannes/Longen, Jessica, »Discontinuation of the automobility regime. An integrated approach to multi-level governance«, in: *Transportation Research Part A,* Jg. 103, 2017, S. 391–408, http://dx.doi.org/10.1016/j.tra.2017.06.016.

Hughes, Thomas P., »The Seamless Web: Technology, Science, Etcetera, Etcetera«, in: *Social Studies of Science,* Jg. 16, 1986, S. 281–292.
Hutchins, Edwin, »How a cockpit remembers its speeds«, in: *Cognitive Science,* Jg. 19, 1995, S. 265–288, http://hci.ucsd.edu/lab/hci_papers/EH1995-3.pdf.
Hutchins, Edwin/Holder, Barbara/Hayward, Michael, »Pilot attitudes toward automation«, https://pages.ucsd.edu/~ehutchins/documents/attitudes/attitudes.pdf.
Ibsen, Alexander Z., »The politics of airplane production: The emergence of two technological frames in the competition between Boeing and Airbus«, in: *Technology in Society,* Jg. 31, H. 4, 2009, S. 342–349.
Inagaki, Toshiyuki, »Traffic systems as joint cognitive systems: issues to be solved for realizing human-technology coagency«, in: *Cognition, Technology & Work,* Jg. 12, 2010, S. 153–162.
Isaacson, Walter, *Steve Jobs. Die autorisierte Biografie des Apple-Gründers.* München 2011.
Jülicher, Tim/Delisle, Marc, »Step into ›The Circle‹. Wearables und Selbstvermessung im Fokus«, in: Hoeren, Thomas/Kolanyi-Raiser, Barbara (Hg.), *Big Data zwischen Kausalität und Korrelation – Wirtschaftliche und rechtliche Fragen der Digitalisierung 4.0.* Berlin 2016, S. 95–107.
Kersting, Kristian/Natarajan, Sriraam, »Statistical Relational Artificial Intelligence: From Distributions through Actions to Optimization«, in: *KI-Künstliche Intelligenz,* Jg. 29, H. 4, 2015, S. 363–368.
Knie, Andreas, *Wankel-Mut in der Autoindustrie. Anfang und Ende einer Betriebsalternative.* Berlin 1994.
Krauß, Stefan, *Microscopic Modeling of Traffic Flow: Investigation of Collision Free Vehicle Dynamics* (PhD thesis). Universität zu Köln, Köln 1998, http://sumo.dlr.de/pdf/KraussDiss.pdf.
Kurz, Constanze, »Der Spion in der Hosentasche«, in: *Frankfurter Allgemeine Zeitung,* 21.01.2011, www.faz.net/-gqz-xp77.
Kurz, Constanze/Rieger, Frank, *Stellungnahme des Chaos Computer Clubs zur Vorratsdatenspeicherung* (1 BvR 256/08, 1 BvR 263/08, 1 BvR 586/08). 2009, http://wiki.piratenpartei.de/wiki/images/b/b6/VDSfinal18.pdf.
Land Nordrhein-Westfalen, *Entwurf eines Gesetzes zur Einführung der strafrechtlichen Verantwortlichkeit und Unternehmen und sonstigen Verbänden.* 2013, www.strafrecht.de/media/files/docs/Gesetzentwurf.pdf
LaPorte, Todd R./Consolini, Paula M., »Working in Practice But Not in Theory: Theoretical Challenges of ›High Reliability Organizations‹«, in: *Journal of Public Administration Research and Theory,* Jg. 1, 1991, S. 19–47.
Läpple, Dieter (Hg.), *Güterverkehr, Logistik und Umwelt. Analysen und Konzepte zum interregionalen und städtischen Verkehr.* Berlin 1985.

Larose, Daniel T./Larose, Chantal D., *Data mining and predictive analytics*. Hoboken, NJ 2015.
Latour, Bruno, »Über technische Vermittlung. Philosophie, Soziologie, Genealogie«, in: Rammert, Werner (Hg.), *Technik und Sozialtheorie*. Frankfurt/M. 1998, S. 29–81.
Lazer, David M./Kennedy, Ryan/King, Gary/Vespignani, Alessandro, »The parable of Google Flu: Traps in big data analysis«, in: *Science*, Jg. 343 (14. März 2014), 2014, S. 1203–1205.
Lee, John D./See, Katharina A., »Trust in automation: designing for appropriate reliance«, in: *Human Factors*, Jg. 46, 2004, S. 50–80.
Lessig, Lawrence, »Code is law: On liberty in cyberspace«, in: *Harvard Magazine*, Januar–Februar 2000, S. 1–2, http://harvardmagazine.com/2000/01/code-is-law-html.
Leveson, Nancy/Dulac, Nicolas/Marais, Karen/Carroll, John, »Moving beyond normal accidents and high reliability organizations: a systems approach to safety in complex systems«, in: *Organization Studies*, Jg. 30, H. 2–3, 2009, S. 227–249.
Liggesmeyer, Peter/Rombach, Dieter/Bomarius, Frank, »Smart Energy. Die Digitale Transformation im Energiesektor«, in: Neugebauer, Reimund (Hg.), *Digitalisierung. Schlüsseltechnologien für Wirtschaft und Gesellschaft*. Berlin 2018, S. 347–363.
Lobe, Adrian, »Big Data und Politik. Brauchen wir noch Gesetze, wenn Rechner herrschen«, in: *Frankfurter Allgemeine Zeitung*, 14.01.2015, S. 13.
Lobo, Sasha, »Digitale Ungeduld«, in: *Spiegel online*, 13.07.2011, http://www.spiegel.de/netzwelt/web/s-p-o-n-die-mensch-maschine-digitale-ungeduld-a-774110.html.
Loorbach, Derk, *Transition Management. New mode of governance for sustainable development*. Utrecht 2007.
Lübbe-Wolf, Gertrude, »Die Durchsetzung moralischer Standards in einer globalisierten Wirtschaft«, in: Pierer, Heinrich von/Homann, Karl/Lübbe-Wolf, Gertrude (Hg.), *Zwischen Profit und Moral – Für eine menschliche Wirtschaft*. München 2003, S. 73–103.
Luhmann, Niklas, *Die Wirtschaft der Gesellschaft*. Frankfurt/M. 1988.
–, *Die Gesellschaft der Gesellschaft*. Frankfurt/M. 1997.
Lupton, Deborah, »Quantified sex: a critical analysis of sexual and reproductive self-tracking using apps«, in: *Culture, health & sexuality*, Jg. 17, 2015, S. 440–453.
Malsch, Thomas (Hg.), *Sozionik. Soziologische Ansichten über künstliche Sozialität*. Berlin 1998.

Manzey, Dietrich, »Systemgestaltung und Automatisierung«, in: Badke-Schaub, Petra/Hofinger, Gesine/Lauche, Kristina (Hg.), *Human Factors. Psychologie sicheren Handelns in Risikobranchen*. Heidelberg 2008, S. 307–324.

Mattern, Friedemann (Hg.), *Total vernetzt. Szenarien einer informatisierten Welt (7. Berliner Kolloquium der Gottlieb Daimler- und Karl Benz-Stiftung)*. Heidelberg 2003.

– (Hg.), *Die Informatisierung des Alltags. Leben in smarten Umgebungen*. Berlin 2007.

Mautz, Rüdiger, »The expansion of renewable energies – opportunities and restraints«, in: *Science, Technology & Innovation Studies,* Jg. 3, 2007, S. 113–131.

Mautz, Rüdiger/Byzio, Andreas/Rosenbaum, Wolf, *Auf dem Weg zur Energiewende. Die Entwicklung der Stromproduktion aus erneuerbaren Energien in Deutschland*. Göttingen 2008.

Mayer-Schönberger, Viktor/Cukier, Kenneth, *Big data: A revolution that will transform how we live, work, and think*. Boston/Mass. 2013.

Mayntz, Renate/Scharpf, Fritz W. (Hg.), *Gesellschaftliche Selbstregelung und politische Steuerung*. Frankfurt/M. 1995.

McClumpha, A. J./James, M./Green, R. G./Belyavin, A. J., »Pilots' attitudes to cockpit automation«, in: *Proceedings of the Human Factors and Ergonomics Society Annual Meeting,* Jg. 35, 1991, S. 107–111, http://pro.sagepub.com/content/35/2/107.short.

McCue, Colleen, *Data mining and predictive analysis: Intelligence gathering and crime analysis*. Amsterdam 2014.

Mitchell, Tom M., »Mining our reality«, in: *Science,* Jg. 326, H. 5960, 2009, S. 1644–1645.

Monse, Kurt/Weyer, Johannes, *Produktionskonzepte und logistische Ketten in der Internet-Wirtschaft. Trends und Perspektiven* (Gutachten im Auftrag des Büros für Technikfolgenabschätzung beim Deutschen Bundestag, Nov. 2000; veröffentlicht als TAB Hintergrundpapier Nr. 6, Dezember 2001). Berlin 2000.

Moray, Neville/Inagaki, Toshiyuki/Itoh, Makoto, »Adaptive automation, trust, and self-confidence in fault management of time-critical tasks«, in: *Journal of Experimental Psychology: Applied,* Jg. 6, 2000, S. 44–58.

Naidoo, Prevendren, *Airline pilots' perceptions of advanced flight deck automation* (MPhil dissertation). Pretoria 2008.

National Commission on the BP Deepwater Horizon Oil Spill and Offshore Drilling, *Deep Water. The Gulf Oil Disaster and the Future of Offshore Drilling. Report to the President (January 2011)*. Washington, D. C. 2011, http://www.gpo.gov/fdsys/pkg/GPO-OILCOMMISSION/pdf/GPO-OILCOMMISSION.pdf.

Nelson, Richard R./Winter, Sidney G., »In search of useful theory of innovation«, in: *Research Policy*, Jg. 6, 1977, S. 36–76.
O'Reilly, Tim, »Open data and algorithmic regulation«, in: Goldstein, Brett/Dyson, Lauren (Hg.), *Beyond transparency: Open data and the future of civic innovation*. San Francisco 2013, S. 289–300.
Orwat, C./Büscher, C./Raabe, O., *Governance of Critical Infrastructures, Systemic Risks, and Dependable Software*. Technical Report. Karlsruhe Institute of Technology. Karlsruhe 2010, https://www.researchgate.net/publication/266017086_Governance_of_Critical_Infrastructures_Systemic_Risks_and_Dependable_Software.
Orwat, Carsten, »Systemic Risks in the Electric Power Infrastructure?«, in: *Technikfolgenabschätzung – Theorie und Praxis*, Jg. 20, 2011, S. 47–55, http://www.tatup-journal.de/downloads/2011/tatup113_orwa11a.pdf.
Perrow, Charles, *Normale Katastrophen. Die unvermeidbaren Risiken der Großtechnik*. Frankfurt/M. 1987.
–, *The Next Catastrophe: Reducing Our Vulnerabilities to Natural, Industrial, and Terrorist Disasters*. Princeton 2007.
Popitz, Heinrich, »Epochen der Technikgeschichte«, in: Popitz, Heinrich (Hg.), *Der Aufbruch zur Artifiziellen Gesellschaft. Zur Anthropologie der Technik*. Tübingen 1995, S. 13–43.
Rammert, Werner, »Telefon und Kommunikationskultur. Akzeptanz und Diffusion einer Technik im Vier-Länder-Vergleich«, in: *Kölner Zeitschrift für Soziologie und Sozialpsychologie*, Jg. 42, 1990, S. 20–40.
Rammert, Werner/Schulz-Schaeffer, Ingo, »Technik und Handeln. Wenn soziales Handeln sich auf menschliches Verhalten und technische Abläufe verteilt«, in: dies. (Hg.), *Können Maschinen handeln? Soziologische Beiträge zum Verhältnis von Mensch und Technik*. Frankfurt/M. 2002, S. 11–64.
Reason, James T., *Human Error*. Cambridge/Mass. 1990.
Reeves, B./Nass, C. I., *The media equation: How people treat computers, television, and new media like real people and places*. Cambridge/Mass. 1996.
Resnick, Michael, *Turtles, Termites, and Traffic Jams. Explorations in Massively Parallel Microworlds (Complex Adaptive Systems)*. Cambridge/Mass. 1995.
Richter, Klaus/Rost, Jan-Michael, *Komplexe Systeme*. Frankfurt/M. 2004.
Rieger, Frank, »Der Mensch wird zum Datensatz«, in: *Frankfurter Allgemeine Zeitung*, 15.01.2010, S. 33.
Rochlin, Gene I., »Iran Air Flight 655 and the USS Vincennes: Complex, Large-scale Military Systems and the Failure of Control«, in: La Porte, Todd (Hg.), *Social Responses to Large Technical Systems. Control or Anticipation*. Dordrecht 1991, S. 99–125.
–, *Trapped in the net. The unanticipated consequences of computerization*. Princeton 1997.

Rosa, Hartmut, *Beschleunigung. Die Veränderung der Zeitstrukturen in der Moderne.* Frankfurt/M. 2005.
–, »Interview mit SZ Wissen«. 2008, http://www.eilkrankheit.de/Interviews/iv2.pdf.
–, *Resonanz statt Entfremdung. Zehn Thesen wider die Steigerungslogik der Moderne.* 2012a, http://www.kolleg-postwachstum.de/sozwgmedia/dokumente/Thesenpapiere+und+Materialien/Thesenpapier+Krise+_+Rosa.pdf.
–, *Weltbeziehungen im Zeitalter der Beschleunigung: Umrisse einer neuen Gesellschaftskritik.* Frankfurt/M. 2012b.
–, *Resonanz. Eine Soziologie der Weltbeziehung.* Frankfurt/M. 2016.
Russell, Matthew A., *Mining the Social Web: Data Mining Facebook, Twitter, LinkedIn, Google+, GitHub, and More (2nd Edition).* Sebastopol, CA, 2013.
Sagan, Scott D., *The Limits of Safety. Organizations, Accidents and Nuclear Weapons.* Princeton 1993.
Salganik, Matthew J./Dodds, Peter S./Watts, Duncan J., »Experimental study of inequality and unpredictability in an artificial cultural market«, in: *Science,* Jg. 311, H. 5762, 2006, S. 854–856, http://www.sciencemag.org/content/311/5762/854.short.
Sarter, Nadine B./Woods, David D., »Team Play with a Powerful and Independent Agent: Operational Experiences and Automation Surprises on the A-320«, in: *Human Factors,* Jg. 39, 1997, S. 553–569.
–, »Team Play with a Powerful and Independent Agent: A Full-Mission Simulation Study«, in: *Human Factors,* Jg. 42, 2000, S. 309–402.
Sarter, Nadine B./Woods, David D./Billings, Charles E., »Automation surprises«, in: Gavriel Salvendy (Hg.), *Handbook of human factors and ergonomics (2nd edition).* Hoboken, NJ 1997, S. 1926–1943.
Scheiderer, J./Ebermann, H. J., *Human Factors im Cockpit. Praxis sicheren Handelns für Piloten.* Berlin 2010.
Schelsky, Helmut, »Der Mensch in der wissenschaftlichen Zivilisation (1961)«, in: ders. (Hg.), *Auf der Suche nach Wirklichkeit. Gesammelte Aufsätze.* Düsseldorf 1965, S. 439–480.
Schimank, Uwe, *Die Entscheidungsgesellschaft. Komplexität und Rationalität der Moderne.* Wiesbaden 2005.
–, *Handeln und Strukturen. Einführung in eine akteurtheoretische Soziologie* (4. Aufl.). München 2010.
Schivelbusch, Wolfgang, *Geschichte der Eisenbahnreise. Zur Industrialisierung von Raum und Zeit im 19. Jahrhundert.* München 1977.
Schmitt, Dirk-Roger/Tallec, Claude Le, »Ferngesteuert von New York nach Frankfurt – Fiktion oder Vision?«, in: *DLR-Nachrichten,* H. 117, 2007, S. 14–19, https://www.dlr.de/Portaldata/1/Resources/kommunikation/publikationen/117_nachrichten/nachrichten_117.pdf.

Schot, Johan/Geels, Frank, »Strategic niche management and sustainable innovation journey: theory, findings, research agenda, and policy«, in: *Technology Analysis & Strategic Management*, Jg. 20, 2008, S. 537–554.

Schot, Johan W./Hoogma, Remco/Elzen, Boelie, »Strategies for shifting technological systems. The case of the automobile system«, in: *Futures*, Jg. 26, 1994, S. 1060–1076, doc.utwente.nl/34303/1/Schot94strategies.pdf.

Shrivastava, Samir/Sonpar, Karan/Pazzaglia, Federica, »Normal accident theory versus high reliability theory: a resolution and call for an open systems view of accidents«, in: *Human relations*, Jg. 62, H. 9, 2009, S. 1357–1390, https://doi.org/10.1177/0018726709339117.

Spindler, Gerald/Thorun, Christian, *Eckpunkte einer digitalen Ordnungspolitik. Politikempfehlungen zur Verbesserung der Rahmenbedingungen für eine effektive Ko-Regulierung in der Informationsgesellschaft*. ConPolicy GmbH. Institut für Verbraucherpolitik, Berlin 2015, http://www.conpolicy.de/data/user_upload/Pdf_von_Publikationen/Eckpunkte_einer_digitalen_Ordnungspolitik.pdf.

Stegbauer, Christian/Häußling, Roger (Hg.), *Handbuch Netzwerkforschung*. Wiesbaden 2011.

Stegmaier, Peter/Kuhlmann, Stefan/Visser, Vincent R., »The discontinuation of socio-technical systems as a governance problem«, in: Borrás, Susana/Edler, Jakob (Hg.), *The Governance of Socio-Technical Systems: Explaining Change*. Cheltenham 2014, S. 111–131.

Sturma, Dieter, »Robotik und menschliches Handeln«, in: Christaller, Thomas (Hg.), *Robotik. Perspektiven für menschliches Handeln in der zukünftigen Gesellschaft*. Berlin 2001, S. 111–134.

Suchman, Lucy A., *Human and Machine Reconfigurations: Plans and Situated Actions, 2nd Edition*. Cambridge/Mass. 2007.

Suchman, Lucy A./Blomberg, Jeanette/Orr, Julian E./Trigg, Randall, »Reconstructing Technologies as Social Practise«, in: *American Behavioral Scientist*, Jg. 43, 1999, S. 392–408.

SUMO, *SUMO: Simulation of Urban Mobility (0.12)*. German Aerospace Center, Institute of Transportation Systems, 2010, http://sumo.sourceforge.net.

Suryadevara, Nagender Kumar/Mukhopadhyay, Subhas Chandra, *Smart Homes: Smart Sensors, Measurement and Instrumentation*. Heidelberg 2015.

TA-Swiss, *Auf dem Weg zur intelligenten Mobilität. Kurzfassung des TA-Arbeitsdokumentes »Das vernetzte Fahrzeug«*. Bern 2003, https://www.ta-swiss.ch/?redirect=getfile.php&cmd[getfile][uid]=921.

Takayama, Leila/Nass, Clifford, »Driver safety and information from afar: An experimental driving simulator study of wireless vs. in-car information services«, in: *International Journal of Human-Computer Studies*, Jg. 66, 2008, S. 173–184.

Teigelkamp, Theresia, *Verkehrsmittelwahl als Thema der soziologischen Handlungstheorie. Eine empirische Studie* (Bachelorarbeit TU Dortmund). 2015.
Turkle, Sherry, *Alone together. Why we expect more from technology and less from each other.* New York 2011a.
–, »Die E-Mail erledigt uns«, in: *Brand Eins,* H. 04, 2011b, S. 39–42, www.brandeins.de/magazine/brand-eins-wirtschaftsmagazin/2011/foerdern/die-e-mail-erledigt-uns.
Tushman, Michael L./Rosenkopf, Lori, »Organizational Determinants of Technological Change. Toward a Sociology of Technological Evolution«, in: *Research in Organizational Behavior,* Jg. 14, 1992, S. 311–347.
Van Dam, Koen H./Nikolic, Igor/Lukszo, Zofia (Hg.), *Agent-based modelling of socio-technical systems.* Dordrecht 2013.
Velasquez, Mark/Hester, Patrick T, »An analysis of multi-criteria decision making methods«, in: *International Journal of Operations Research,* Jg. 10, H. 2, 2013, S. 56–66.
Voß, Jan-Peter/Smith, Adrian/Grin, John, »Designing long-term policy: rethinking transition management«, in: *Policy Science,* Jg. 42, 2009, S. 275–302.
Weick, Karl E., »Organizational Culture as a Source of High Reliability«, in: *California Management Review,* Jg. 29, H. 2, 1987, S. 112–127.
–, »Technology as Equivoque: Sensemaking in New Technologies«, in: Goodmann, Paul S./Sproull, Lee S. (Hg.), *Technology and Organizations.* San Francisco 1990, S. 1–44.
Weick, Karl E./Sutcliffe, Kathleen M., *Managing the Unexpected: Assuring High Performance in an Age of Complexity.* New York 2007.
Weingart, Peter (Hg.), *Technik als sozialer Prozeß.* Frankfurt/M. 1989.
Weiser, Mark, »Computer im nächsten Jahrhundert«, in: *Spektrum der Wissenschaft,* November 1991, S. 92–101.
Werle, Raymund, »Liberalisierung und politische Techniksteuerung«, in: Simonis, Georg/Martinsen, Renate/Saretzki, Thomas (Hg.), *Politik und Technik. Analysen zum Verhältnis von technologischem, politischem und staatlichem Wandel am Anfang des 21. Jahrhunderts (PVS Sonderheft 31).* Wiesbaden 2001, S. 407–423.
Weyer, Johannes, »Die Risiken der Automationsarbeit. Mensch-Maschine-Interaktion und Störfallmanagement in hochautomatisierten Verkehrsflugzeugen«, in: *Zeitschrift für Soziologie,* Jg. 26, 1997a, S. 239–257, http://www.zfs-online.org/index.php/zfs/article/viewFile/2949/2486.
–, »Konturen einer netzwerktheoretischen Techniksoziologie«, in: Weyer, Johannes/Kirchner, Ulrich/Riedl, Lars/Schmidt, Johannes F. K. (Hg.), *Technik, die Gesellschaft schafft. Soziale Netzwerke als Ort der Technikgenese.* Berlin 1997b, S. 23–52.

–, »Modes of Governance of Hybrid Systems. The Mid-Air Collision at Ueberlingen and the Impact of Smart Technology«, in: *Science, Technology & Innovation Studies,* Jg. 2, 2006, S. 127–149, https://eldorado.tu-dortmund.de/bitstream/2003/26742/1/weyer-011206.pdf.

–, »Autonomie und Kontrolle. Arbeit in hybriden Systemen am Beispiel der Luftfahrt«, in: *Technikfolgenabschätzung – Theorie und Praxis,* Jg. 16, H. 2, 2007, S. 35–42, https://www.tatup-journal.de/downloads/2007/tatup07 2_weye07a.pdf.

–, »Mixed Governance – Das Zusammenspiel von menschlichen Entscheidern und autonomer Technik im Luftverkehr der Zukunft«, in: Matuschek, Ingo (Hg.), *Luft-Schichten. Arbeit, Organisation und Technik im Luftverkehr.* Berlin 2008a, S. 188–208.

–, *Techniksoziologie. Genese, Gestaltung und Steuerung sozio-technischer Systeme (Grundlagentexte Soziologie).* Weinheim 2008b.

–, »Dimensionen der Komplexität und Perspektiven des Komplexitätsmanagements«, in: Weyer, Johannes/Schulz-Schaeffer, Ingo (Hg.), *Management komplexer Systeme. Konzepte für die Bewältigung von Intransparenz, Unsicherheit und Chaos.* München 2009, S. 3–28.

–, »Einleitung: Netzwerke in der mobilen Echtzeitgesellschaft«, in: ders. (Hg.), *Soziale Netzwerke. Konzepte und Methoden der sozialwissenschaftlichen Netzwerkforschung* (3. Aufl.). München 2014, S. 3–37.

–, »Confidence in hybrid collaboration. An empirical investigation of pilots' attitudes towards advanced automated aircraft«, in: *Safety Science,* Jg. 89, 2016, S. 167–179, http://dx.doi.org/10.1016/j.ssci.2016.05.008.

–, *Digitale Transformation und öffentliche Sicherheit* (Forschungsforum Öffentliche Sicherheit. Schriftenreihe Sicherheit Nr. 23). Berlin 2017, http://www.sicherheit-forschung.de/publikationen/schriftenreihe_neu/sr_v_v/sr_23.pdf.

Weyer, Johannes/Adelt, Fabian/Hoffmann, Sebastian, *Governance of complex systems. A multi-level model* (Soziologisches Arbeitspapier 42/2015). TU Dortmund, Dortmund 2015a, http://hdl.handle.net/2003/34132.

Weyer, Johannes/Cepera, Kay Philipp/Konrad, Julius/Adelt, Fabian/Hoffmann, Sebastian, *App-solut! Vertrauen in mobile Applikationen (Apps).* Dortmund 2019a.

Weyer, Johannes/Delisle, Marc/Kappler, Karolin/Kiehl, Marcel/Merz, Christina/Schrape, Jan-Felix, »Big Data in soziologischer Perspektive«, in: Hoeren, Thomas/Kolany-Raiser, Barbara (Hg.), *Big Data und Gesellschaft. Eine multidisziplinäre Annäherung.* Berlin 2018, S. 69–149.

Weyer, Johannes/Fink, Robin D./Adelt, Fabian, »Human-machine cooperation in smart cars. An empirical investigation of the loss-of-control thesis«, in: *Safety Science,* Jg. 72, 2015b, S. 199–208, http://dx.doi.org/10.1016/j.ssci.2014.09.004.

Weyer, Johannes/Konrad, Julius/Cepera, Kay/Adelt, Fabian, *Echtzeitsteuerung komplexer Systeme. Eine Simulationsstudie.* Dortmund 2019b.

Weyer, Johannes/Kroniger, Jens/Hoffmann, Sebastian, »Technikakzeptanz in Deutschland und Europa«, in: Priddat, Birger/West, Klaus-W. (Hg.), *Die Modernität der Industrie.* Marburg 2012, S. 317–356.

Wiener, Earl L., *Human factors of advanced technology (»glass cockpit«) transport aircraft. Report prepared for Ames Research Center NCC2–377.* Moffet Field, CA 1989, http://human-factors.arc.nasa.gov/publications/HF_AdvTech_Aircraft.pdf.

Wilensky, Uri, »*NetLogo Traffic Basic model*«. Northwestern University, Center for Connected Learning and Computer-Based Modeling, Evanston, IL. 1997, http://ccl.northwestern.edu/netlogo/models/TrafficBasic.

–, »*NetLogo*«. Northwestern University, Center for Connected Learning and Computer-Based Modeling, Evanston, IL. 1999, http://ccl.northwestern.edu/netlogo.

Wilkesmann, Maximiliane/Weyer, Johannes, »Nichtwissen und Fehlermanagement in hochtechnisierten Organisationen«, in: *AIS-Studien,* Jg. 7, 2014, S. 87–108, http://www.ais-studien.de/uploads/tx_nfextarbsoznetzeitung/AIS-14-01-7WilkesmannWeyerfinal.pdf.

Willke, Helmut, *Systemtheorie entwickelter Gesellschaften. Dynamik und Riskanz moderner gesellschaftlicher Selbstorganisation.* Weinheim 1989.

–, *Systemtheorie III: Steuerungstheorie. Grundzüge einer Theorie der Steuerung komplexer Sozialsysteme.* Stuttgart 1995.

–, »Organisierte Wissensarbeit«, in: *Zeitschrift für Soziologie,* Jg. 27, 1998, S. 161–177.

–, *Smart Governance. Governing the Global Knowledge Society.* Frankfurt/M. 2007.

Wooldridge, Michael/Jennings, Nicholas R., »Intelligent agents: Theory and practice«, in: *Knowledge Engineering Review,* Jg. 10, H. 2, 1995, S. 115–152.

Zillien, Nicole/Fröhlich, Gerrit/Dötsch, Mareike, »Digitale Selbstvermessung als Verdinglichung des Körpers«, in: Hahn, Kornelia/Stempfhuber, Martin (Hg.), *Präsenzen 2.0. Körperinszenierung in Medienkulturen.* Wiesbaden 2015, S. 77–94.